一分鐘健瘦身教室 2

Dr.史考特的
科學 增肌減脂
全攻略

最新科學研究╳秒懂圖表解析
破解 41 個健瘦身迷思！

One-Minute
Fitness

suncolor
三采文化

復健科醫師 **史考特**（王思恒）／著

立基於科學實證的
健身減重新觀點

　　各位讀者好，事隔五年總算（有勇氣）推出第二本書了。五年說長不長，說短也不短，簡單與各位報告一下這些時日裡我的轉變。

經營 YouTube：

　　隨著媒體使用習慣的變化，2018 年底我決定轉戰影音平台，以一週一支的頻率發布影片。本書的內容，就是從影片中精華的素材節錄而來的，再增補文字與許多圖表，讓讀者更方便閱讀。從文字跨足影音不是件容易的事情，一開始我沒有信心能堅持產出，甚至不敢花錢投資設備，只買了一個領夾式麥克風，就開始用手機錄影、用免費軟體製作影片。深深感謝觀眾們的支持，頻道不斷成長，也替我創造了許多機會。開心地向各位報告，現在的影片是以單眼相機拍攝（也是得專業一點）。

　　我了解不是所有朋友都習慣用影片吸收知識（出版社同仁在瞪我），因此我持續在臉書以文字形式發表新知。這本書也是為了喜愛閱讀、習慣摸到紙張的朋友所寫。

回歸現實：

醫師這個職業站在學術與世俗的交叉點，我們接受科學教育長大，被期許要以「證據醫學」執業，卻得同時得面對現實世界的各種挑戰，做出折衷、修正、妥協。

剛出學校的我滿腔熱血，想用書本上的知識去「說服」別人。現在進入臨床已經好幾年，開始體會到「最對」的做法未必是「最適合」的做法。健身與醫學一樣，是科學也是藝術。現在的我比較懂得擁抱不確定性，參考不同的價值觀，並且嘗試以大眾的視角切入各種科學議題。

重視心理：

人類的行為、心理、認知一直是我深感興趣的領域，考大學時我曾認真考慮選填經濟系。這幾年來接觸疼痛科學、減重研究，發現人類心理在這兩個領域都扮演著重要角色。本書中將會收錄我新學到的知識，希望能讓更多人認識心靈的力量。

拋棄胰島素假說：

曾有人說：「如果看著自己數年前的文字沒有感到羞愧，那你是在原地踏步。」

我曾認為「肥胖是一種內分泌失調」，也就是飲食選擇失當導致胰島素過度分泌，而使身體累積脂肪的胰島素假說。但隨著數篇最新研究出爐，我的目光逐漸從胰島素身上移開。

　　現在的我仍認為肥胖是遺傳、飲食環境、認知行為、內分泌在複雜交互作用下產生的成果，但我已不再認為內分泌是肥胖禍首，它比較像是幫凶，甚至是「躺著也中槍」的無辜旁觀者。這本書將會呈現我的新觀點，轉向探討心理、行為在肥胖上扮演的角色。

　　過去寫作中引用的研究仍有參考價值，但隨著科學巨輪的推動，我對它們有了更新的解讀。

不變的科學精神：

　　閱讀最新科學研究，並將其轉化為容易吸收的文字與影音，是「一分鐘健身教室」從第一天就在做的事情。科學改善了人類生活的所有面向，飲食運動也不該例外。

　　健身不只是強健身體，健身更要強健大腦。

科學改善了人類生活所有面向，
飲食運動也不該例外。
善用科學研究，讓健瘦身事半功倍！

Contents

作者序　立基於科學實證的健身減重新觀點　　002

PART 01
觀念破解：這樣想，所以瘦不了？

用想的，就能變瘦嗎？　　012

瘦不下來，都是代謝惹的禍？　　016

減重要成功，一定得吃到基礎代謝率？　　019

努力甩肉卻不成，難道喝水也會胖？　　023

再飽還是能裝下甜點！人真有第二個胃？　　028

難解的飢餓！是身體想要食物，還是情緒想？　　032

抽脂≠減肥，這樣做無法完全減掉脂肪！　　037

外表是瘦子，但脂肪可能都藏在內臟裡！？　　040

小時胖要當心，可能會胖一輩子！　　044

PART 02
減脂瘦身變美，最新科學有實證！

戒澱粉 or 戒脂肪，哪一種減重法才有效？　　048

拯救泡芙身材，高蛋白飲食會是解方嗎？　053

揭開 4 大熱門減重飲食法的神祕面紗　057

不吃早餐讓人胖！研究看法不同調　061

加工食品為何使人肥？　074

改喝零卡汽水，會為健康帶來危機？　079

給身體餵糖，是更有能量還是更疲勞？　110

把白麵包換成穀物麵包，竟有助消耗熱量！　113

【Dr. 史考特1分鐘科學減重教室】生酮飲食好神？

① 全面解析！生酮飲食為何能有效減重？　064
② 開始生酮飲食後，血脂竟狂飆！　069

【Dr. 史考特1分鐘科學減重教室】最想懂的間歇性斷食

① 間歇性少食：不傷代謝率的減重法　084
② 長時間不吃東西，真的安全嗎？　093
③ 用它來減肥，會連肌肉也減掉嗎？　097
④ 16：8 斷食法，肌肉量是否會下滑？　102
⑤ 執行斷食法，有點餓是好事　106

【Dr.史考特1分鐘科學減重教室】破解茹素的力量

精壯肌肉男，都靠吃素練出來！？　　　　　　116

吃素，真能讓人更健康？　　　　　　　　　　125

致癌、發炎，肉食有這麼毒？　　　　　　　　129

增肌健身變壯，
最新研究怎麼說？

為何喝符水能治頭痛？運動科學好重要　　　　136

健身效果好不好，竟和基因有關！？　　　　　143

健身要看到效果，為何不能不談科學？　　　　148

挑對時間運動，增肌效果大不同　　　　　　　153

一公斤肌肉能燃燒多少熱量？　　　　　　　　157

不必辛苦鍛鍊，靠這招也能變壯！？　　　　　160

擁有六塊肌，等於擁有健康？　　　　　　　　165

活得更久更健康，運動是萬靈丹　　　　　　　169

總是肥在屁股和大腿！拆解女生梨形身材原因　174

訓練拚命到筋疲力盡，比較有效嗎？　　　　　177

【Dr.史考特1分鐘科學減重教室】想增肌，蛋白質吃多少？

① 每餐蛋白質攝取有上限，多吃只是浪費？　　182

② 高蛋白多吃無益，會從尿液排掉？　　190

【Dr.史考特1分鐘科學減重教室】喝乳清蛋白長肌肉？

① 喝心酸還是真有效？正確認識乳清蛋白　　194

② 不健身只喝乳清，也能增肌長肉嗎？　　198

參考資料　　200

PART 01

觀念破解：
這樣想，所以瘦不了？

用想的就能變瘦嗎？減重一定要吃到基礎代謝率？坊間常聽說的那些關於健瘦身該怎麼吃的事，史考特用科學研究分析給你聽！

用想的，
就能變瘦嗎？

透過想像能變瘦，可能是有根據的！研究發現，將心態的轉變化成動力，將有助強化減重效果。

　　我知道，少吃多動是違反人性的。不管是靠運動或控制飲食，減脂真的好辛苦，要是靠想的就能瘦，那有多好？

　　只能說這世界真是無奇不有，還真的有科學家用這個概念下去做了一篇研究，於 2019 年發表在《精神科尖端（Frontiers in Psychiatry）》期刊上。

認為吃的是低卡飲食，就能減重？

　　來自保加利亞的學者招募了 14 位肥胖的成年人，分為兩組。根據每個人的身高、體重、年齡、活動量，推算出每日熱量需求，並且將數值告訴每位參加者。

　　控制組被告知要剛好吃到每日熱量需求，這樣體重就能保持穩定。但是實驗組的每日所需熱量，被研究者刻意高報了 700 大卡，假設原本一天需要 2500 大卡的人，會被告知他需要 3200 大卡才能維持體重。

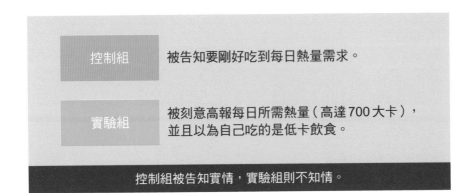

| 控制組 | 被告知要剛好吃到每日熱量需求。 |
| 實驗組 | 被刻意高報每日所需熱量（高達700大卡），並且以為自己吃的是低卡飲食。 |

控制組被告知實情，實驗組則不知情。

為科學撒的謊，不知道可不可以算是善意的謊言？

簡單來說，兩組人吃的都是熱量均衡的飲食，但只有控制組知道實情。實驗組還以為自己吃的是低熱量減重飲食，只要堅持下去，八週就能瘦六公斤。除了飲食控制之外，兩組受試者同時接受一週三次的重量訓練指導。過了八週之後，他們的身體發生什麼變化呢？

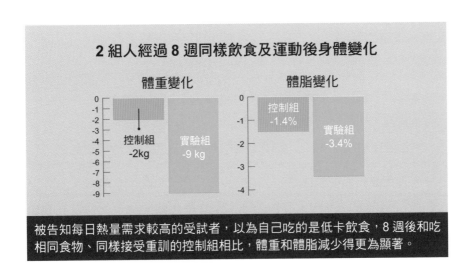

2 組人經過 8 週同樣飲食及運動後身體變化

被告知每日熱量需求較高的受試者，以為自己吃的是低卡飲食，8 週後和吃相同食物、同樣接受重訓的控制組相比，體重和體脂減少得更為顯著。

從圖表可以看出，兩組人都瘦了，但實驗組比控制組多減去了七

公斤體重,多減去了 2% 的體脂肪。請記住,不同組別的受試者都吃到每日所需熱量,差別僅在於一組以為這樣吃會瘦,一組以為這樣吃不會瘦。

心裡的預期竟然化為現實,這真是太神奇了!

對改善的期待越高,減重效果可能越好

醫學上心理影響生理的例子並不少見,例如廣為人知的安慰劑效應:只要受試者相信自己接受的是有效治療,即使假的藥丸、亂扎的針灸、甚至假的手術都會有效。曾有科學文獻指出,藥物 30% 的療效都是來自安慰劑效應。

而上述研究是科學家第一次發現,安慰劑效應能加強減重成效。或者更精確的說,原來讓人正常吃飯也能瘦。

雖說心靈的力量很強大,但這不代表以後可以想吃多少就吃多少。安慰劑效應能幫助減重,是因為參加者認定自己要變瘦了,所以有意無意之間,做了很多有助於減重的事。舉例來說:

● 我是一個將要變瘦的人,所以我不會吃桌上的甜食。
● 我是一個將要變瘦的人,所以我走樓梯不搭電梯。
● 我快要變瘦了,所以我晚上不喝啤酒,在健身房練得更勤奮。

英文裡的 "Self-fulfilling prophecy"(譯:自我應驗的預言),就是在說這個現象:一個人心裡認定未來會發生的事情,往往就真的會發生。或是我們常聽到的「吸引力法則」、「真心想做一件事,全世界都會來幫你」,都是在描述心理如何影響現實世界。

我看過一些心理學的書籍,談到人有「先畫靶再射箭」的特性──

會先在心中建立起自己的形象，再照著這個形象去行動、替自己的行為找理由。例如：

● 因為我是一個勤勞的人，所以我每天六點起床跑步。

● 因為我是某某政黨的支持人，所以他們就算推西瓜出來，我也還是支持。

● 因為我屬於某個群體，所以我要像其他群體成員一樣，穿這類衣服、聽那些音樂、閱聽特定媒體。

因此，這篇研究並不是在於證明吃得多也能瘦，而是告訴我們，人心才是減重成功的關鍵。

Dr.史考特1分鐘小叮嚀

減脂仰賴行為的改變，行為則需要自我身份認同來維持。強化自我意念，對減肥也會有正面增強效果！

瘦不下來，
都是代謝惹的禍？

明明運動量比別人高，斷食少吃都做了，卻怎麼也瘦不下來？小心，
或許你也誤入了代償陷阱！

天下無難事，除了減肥（的）人。

減肥實在好難，要忍受肚子餓、又要認真運動。有些朋友非常努
力，體重還是下不來，難免會開始胡思亂想：「會不會是我年紀大了，
代謝開始變慢？」、「是不是內分泌出了問題？」但我說句實在但不
中聽的話：大部分人的問題，都出在熱量控管。

用「感覺」控管熱量，瘦得了嗎？

一般人對於熱量控管的掌握程度其實並不如想像中高，以 2020 年
發表在「食慾」這本期刊的研究為例，英國學者招募 14 位年輕男性志
願者，輪流接受以下兩種情境實驗：

情境一的受試者（實驗組），第一天就被告知明天會餓肚子。在
潛意識影響下進行「超前部署」，在還沒餓肚子前，就開始多吃少動！
相對地，情境二的受試者（對照組）接收到的情報是：第二天照常供餐。

不意外地,他們就沒有做出行為上的代價。

當所有人都跑完情境一與二後,學者發現情境一(實驗組)的「預期隔天斷食」受試者,出現了以下特徵:

● Day1:多吃 260 大卡、少動 156 大卡。

● Day2(斷食日):因執行斷食,只吃平時 25% 熱量,但運動量卻自然降低了 239 大卡。

● Day3:剛完成斷食日的第一餐早餐,攝取熱量竟足足高出平時的 14%。

原來光是知道隔天要餓肚子,就能顯著改變人們的行為,因為預期要斷食而開始增加進食量、減少活動量,還會因為完成斷食增加進食量!

	Day 1	斷食日 Day 2	Day 3
實驗組 被告知 Day2 會餓肚子	多吃 260 大卡 少動 156 大卡	只吃平時 25% 熱量 少動 239 大卡	早餐多吃 14% 熱量
對照組 三天正常 進食	正常 正常	正常 正常	正常

當受試者得知隔天要斷食,就開始受代償影響,無形中增加進食量、減少運動量,斷食當天還自動減少運動量,斷食日後的第一餐更自動增加進食量。

「代償」讓你感覺失靈，難怪少吃也瘦不了！

雖然學者指定的飲食法，一天就可以製造出兩千多大卡的熱量赤字。但因為這些飲食及活動的代價，實際的赤字僅有一千多大卡。而且可怕的是，這些代價在還沒開始餓肚子前就開始了。

大部分人瘦不下來，不是代謝慢、不是內分泌失調，而是對自己的飲食與活動量完全沒有概念，很容易在不知不覺之間，攝取了多餘的熱量。可怕的是，這一切都發生在潛意識下。我們仍然相信自己的意志堅強，相信自己有努力減重，身體卻在不知不覺之間背叛了我們，以多吃少動的方式，將努力的成果砍半。

為什麼練健身的人，比較能夠掌握體態，甚至胖瘦伸縮自如？其中一個原因，就是他們對於運動量，以及熱量、營養素的計算比較有概念。

健身的人如果一週沒進健身房，常常會「報復性鍛鍊」，下週多做幾組補回來。或者中午不小心手滑訂了麥當勞，蛋白質不夠，熱量又超標。晚上就緩和一點，吃個雞胸肉沙拉均衡一下。在長期的努力下，身材當然會跟一般人不同。

Dr.史考特1分鐘小叮嚀

減重者常在不知不覺中多吃又少動，因而侵蝕掉減重成果。瘦不下來，可別再怪到代謝頭上囉！

減重要成功，一定得吃到基礎代謝率？

從許多科學論證來看，瘦身其實不需要仔細計算基礎代謝率，採取間歇性斷食，也不會讓基代率跟著下降，更對減重具有正面效應。

不知從何時開始，「吃到基礎代謝率」變成減重的鐵則。

在網路上看一些減重社團的討論區，如果有人分享自己減重的故事，底下幾乎一定會有人留言問：「有沒有吃到基代？」另外，我出產過不少斷食的文章與影片，也很常被讀者來訊問到：「斷食的時候要不要注意熱量？如果沒有吃到基礎代謝，怎麼辦？」

隔日斷食法，有助於減輕體重

本篇我們要來破解這個迷思，其實你根本不用管基礎代謝率。

我們不妨從一篇 2019 年發表的研究來看，奧地利學者招募 30 位受試者進行一個月的「隔日斷食」，也就是一天可進食、一天完全不吃的高強度飲食控管，並測量了參加者的基礎代謝率。

雖然這樣的極端斷食法聽起來很地獄，不過發現在健康人身上並沒有產生副作用。而一個月過後，受試者平均減去了 3.5 公斤體重，但基礎代謝率幾乎沒有任何變化！

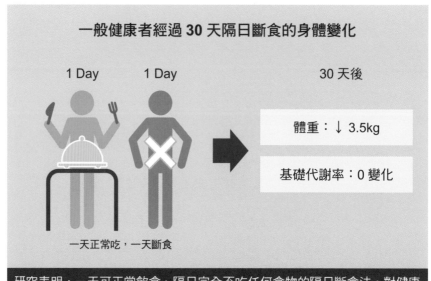

一般健康者經過 **30 天**隔日斷食的身體變化

1 Day　　　1 Day　　　　　　30 天後

體重：↓ 3.5kg

基礎代謝率：0 變化

一天正常吃，一天斷食

研究表明，一天可正常飲食、隔日完全不吃任何食物的隔日斷食法，對健康者並不會造成身體功能的損害，也顛覆了人們對「熱量攝取達到必須基礎代謝率」的認識，隔日禁食的方式確實有益於減重。

　　依照上述研究來看，也就是說未來的一個月中，就算你只有一半的日子吃飯，另一半天數只喝水、什麼也不吃，也不必擔心斷食影響基礎代謝率，而且還能減重啲！（我強烈懷疑受試者並沒有完全聽話，否則減重成效不應該只有 3.5 公斤。）

　　統整現有的斷食研究，科學家發現間歇性斷食的減重效果，跟傳統節食法是類似的。一週裡面選個幾天斷食，就算熱量攝取沒到達基

礎代謝，相較於每天都少吃一些、但有吃到基代比起來，減重效果是
相似的。

　　每天都要吃到基礎代謝值的說法，並沒有科學根據。事實上我用
英文的關鍵字搜尋，完全找不到任何學術與通俗的相關資訊。

在少吃狀態下，身體自會降低基礎代謝率

　　「吃到基代」，是在過去幾年由幾位網路名人提出的概念，其中
的邏輯是：當吃下的熱量少於基礎代謝值時，身體會無法維持正常生
理運作，因此進入節能模式。反之，吃下的熱量少一些，但不要低於
基代，節能模式就不會被打開。

　　這個理論乍聽合理，但人體的運作並不是這麼非黑即白的。節能
模式不是一個開關，反而比較像是一顆音量的旋鈕。

　　舉個例子，有些人用電腦喜歡一次開很多個視窗，一個視窗看電
影、一個聽音樂、一個用通訊軟體、再開個 Word 寫作業。隨著我們應
用程式越開越多，電腦處理的速度就越來越慢，但並不會開到某個數
量的視窗，就出現所謂「慢速模式」。

　　同樣的道理，我們的身體會偵測數天內的熱量攝取總和。當這個
數值降低，基礎代謝率與活動耗能就會跟著下降。吃得越少，下降越
多，並不會因為某天低於基代，就正式地進入「節能模式」。

　　那麼，有沒有減重 20 公斤，同時能維持代謝率不下降的方法呢？
我可以肯定地說，這是做不到的。

　　體重越輕，代謝一定越低。開一台五噸貨車的油耗，難道會跟
Yaris 一樣嗎？我對減重者的建議是：不管你想每天少吃一點，或是一

週選一兩天完全不吃，都不用擔心有沒有吃到基代。

第一，基礎代謝率需要實驗室等級的器材才能精準測量，雖然市面上的各種體脂計「宣稱」能測，但精準度往往慘不忍睹。第二，基礎代謝率對減重並沒有特殊價值，不需要為了它去對熱量的攝取斤斤計較。

Dr.史考特1分鐘小叮嚀

無論是每天熱量少吃一點，或是採用間歇性斷食法的人，都不用煩惱基礎代謝率問題，有吃到或沒吃到基代，都能順利減重。

努力甩肉卻不成，
難道喝水也會胖？

已經少吃多動了，體重怎麼還是紋風不動？始終瘦不了，可能出在你根本不知道自己吃進了多少東西，又真正消耗了多少卡路里。

　　許多人減重怎麼都減不下來，在悲憤交加的情緒下，常會說自己連喝水都會胖。我甚至聽過有人說自己呼吸、曬太陽都會胖，不禁讓人懷疑他們是不是都偷偷在進行光合作用？

熱量抓錯，難怪減重失敗！

　　每天吃不到 1200 大卡，卻還是無法減重的朋友，常會將肥胖的問題歸咎於遺傳、甲狀腺功能低下、代謝很慢、或是更模糊的名詞如「內分泌失調」。究竟是什麼原因，讓人喝水都會胖呢？1999 年發表在《新英格蘭醫學期刊（The New England Journal of Medicine）》上的文章，針對這個現象做了有趣的研究。

　　研究團隊招募了 90 位 BMI 在 33 ～ 36 之間的肥胖受試者，其中有 10 位回報說每天熱量攝取不到 1200 大卡，在過去六個月內體重卻沒有任何變化。這些喝水也會胖的受試者被分到第一組，每天吃超過 1200 大卡的人則被分到第二組。

第 1 組

第 1 組

喝水會胖組　回報自己每天攝取不到 1200 大卡，6 個月內體重卻沒變輕。

第 2 組

一般肥胖組　回報自己每天吃超過 1200 大卡者。

研究招募 90 位 BMI 在 33 ～ 36 間的肥胖受試者，再分為 1、2 兩組。

　　為期 14 天的實驗裡，研究者請他們仔細紀錄熱量攝取以及運動量，同時用研究室等級、最精密的技術來精準測量他們的代謝率以及身體組成變化。

　　物理學的能量不滅定律告訴我們，吃下肚的熱量要不是花掉了，就是儲存起來。可能有些人會想問，會不會每個人的吸收能力差很多，而拉掉了不少呢？其實，除非有腸胃道疾病，否則大家對於食物的吸收能力都不錯，彼此之間的差距並不會太大。

　　既然學者已經用儀器得知 14 天內受試者的體脂肪、肌肉量變化，又準確地知道他們的代謝率，兩者相減，就可以得出如假包換、大公無私、不純砍頭的熱量攝取值。

　　結果，第一組人認為這 14 天裡自己平均攝取了 1028 大卡，但是用客觀方法計算出來的實際值卻是 2081 大卡。第二組人也有少報的情形，只不過他們少報的比例相對小很多。

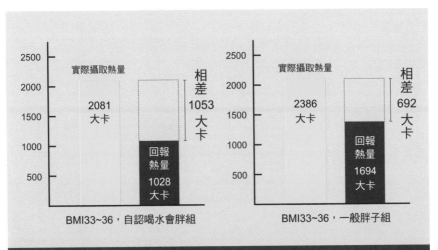

左圖中可見，受測者實際攝取熱量，和自己認知的熱量攝取有不小差距，自認平時熱量吃不到 1200 大卡卻還瘦不下來者，是因為錯估熱量。

　　第一組每個人平均少報了 47% 的熱量攝取，多報了 51% 的運動消耗。所以真的有人喝水也會胖嗎？恐怕跟尼斯湖水怪一樣，都是鄉野傳說。大部分的人減肥遇到瓶頸，都不是因為代謝慢或是內分泌失調，而是因為對於自己的進食量與運動量有很大的誤判。

　　確實有些疾病會造成減重不易，例如甲狀腺低下、庫欣氏症（Cushing syndrome）、或是心肝腎疾病造成的水腫，也會讓體重難以下降。但大多數減重失敗的朋友，都沒有這些疾病。

認真減肥就能瘦？小心熱量比你以為的還多

　　大家一定有看過魔術表演，或是一些錯覺的實驗吧？人類的感官非常容易受到外在與內在的因素干擾，而產生誤判。例如下面這張圖有兩條線，大家覺得哪一條線比較長？

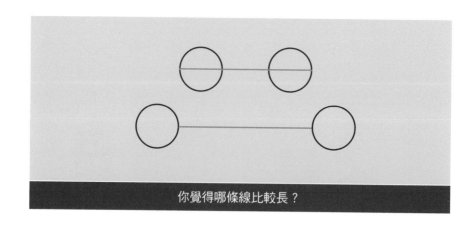

你覺得哪條線比較長？

　　如果我們把四個圓圈圈都拿掉，會發現兩條線是一樣長的。或是下面這張圖，哪一個有色圈圈比較大？各位讀者一定猜到了，是一樣大的。

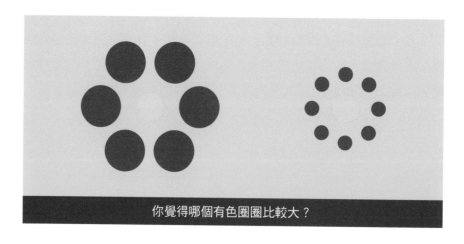

你覺得哪個有色圈圈比較大？

　　這兩個都是外在因素所產生的錯覺，而內在因素讓我們誤判的能力變得更強。

　　安慰劑效應就是最普遍的例子：拿麵粉做的假藥丸，告訴病患說

這個是仙丹神藥，吃了不僅病會好，連考試都會考一百分。只要話術包裝得夠好，講到讓病患相信，就連麵粉也會有療效。為什麼賣假藥的商人總是抓不完，而無辜的消費者願意掏錢？就是因為我們的認知，是很容易受到扭曲的。

我不認為宣稱自己喝水也會胖的人，是想故意騙人。舉剛才的研究為例，第一組的肥胖者大老遠地跑到實驗室，接受一連串費時的測試，還要仔細地紀錄進食量與運動量，他們明明知道自己回報的進食量會被精密的儀器與數學檢驗，怎麼可能還會刻意來欺騙研究者呢？這麼做，豈不是在用力地證明自己是騙子嗎？

上述的受試者，以及大部分減肥失敗的朋友，都是大腦錯誤認知的受害者。因為我們太想相信自己是理性又努力的減重者，所以大腦扭曲了認知，讓我們相信自己真的有認真在減重。

面對這種認為自己喝水也會胖的人們，如果醫生排除了疾病的可能，唯一的解藥，就是在專業人士的協助下，培養正確飲食的觀念，包括認識三大營養素、做份量計算、測量腰圍和體重等。

管理學中有句名言：「有被好好測量的事物，才會被好好地管理（What gets measured gets managed.）」，這句話對於總是減重失敗的朋友來說，非常重要。

Dr.史考特1分鐘小叮嚀

體重增加是由於進食的卡路里多於被消耗的卡路里，所以別再說自己喝水也會胖啦！先看看你是否也被大腦誤導，因而低估了自己所攝取的熱量了。

再飽還是能裝下甜點！
人真有第二個胃？

明明已經吃飽了，卻還能在飯後持續享受各式甜食。科學證實，當換成不同種類的食物時，大腦就會重新喚起你想吃的慾望。

　　相信大家都有這樣的經驗，去吃到飽餐廳的時候，不管火鍋、燒肉吃得再怎麼多，飯後總是還能吃一塊布朗尼，挖一碗哈根達斯。甜點是裝在第二個胃裡，是吧？

　　現在我們來做個思考實驗，請各位在腦中想像：今天一樣吃吃到飽，但自助吧只有放甜甜圈、冰淇淋、巧克力鍋、奶酪、汽水、果汁這些甜食。等吃到八分飽時，服務生會來到桌前做最後加點，但這次可以點任何你想吃的東西。

　　這時，各位應該會想換換口味，吃點鹹的東西吧？

「特定感知飽足感」，讓人不知不覺吃下更多

　　再好吃的東西，吃多了都會膩，會想換換口味吃些不一樣的食物，這種現象叫做 "Sensory-specific satiety"，我找不到廣泛被接受的中文翻譯，姑且叫它「特定感知飽足感」吧。

有研究顯示，如果一餐我們只能吃一兩種食物，很快就會膩了，不太可能吃過量。但一餐裡面的食物種類越多，人們吃下肚的熱量也就越高。

我曾不只一次在吃到飽餐廳，見到人們因為吃太撐而動彈不得，甚至嘔吐。這不僅是為了值回票價，不僅是為了東西好吃，還有特定感知飽足感在背後作祟。

在吃下食物後，視覺、嗅覺、味覺甚至觸覺會傳到大腦的額葉，產生愉悅的神經訊號。但隨著同一種食物越吃越多，訊號強度就會衰減，代表大腦喜歡這個食物的程度在減退。這時候換吃不同味道的食物，例如從鹹食換成甜食，額葉的訊號就會重新被啟動，這就是「甜點胃現象」的由來。

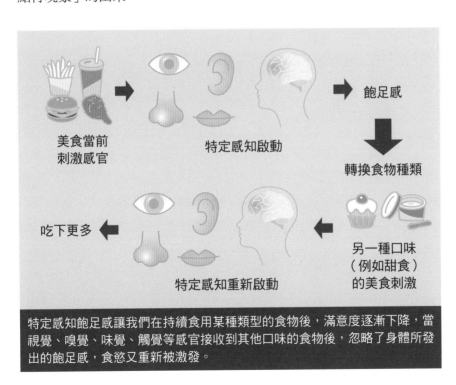

美食當前
刺激感官

特定感知啟動

飽足感

轉換食物種類

另一種口味
（例如甜食）
的美食刺激

特定感知重新啟動

吃下更多

特定感知飽足感讓我們在持續食用某種類型的食物後，滿意度逐漸下降，當視覺、嗅覺、味覺、觸覺等感官接收到其他口味的食物後，忽略了身體所發出的飽足感，食慾又重新被激發。

特定感知飽足感與記憶無關，此大腦機制存在於潛意識中，不是你我能輕易控制的。科學家發現，有一些失憶症的患者，雖然記不得他到底有沒有吃過飯。但如果在他面前擺放數種食物，他還是會選擇上一餐沒吃過的那種。

其實這是非常符合人類求生本能的一種機制，因為如果我們永遠都只吃一兩種食物，很容易會營養素缺乏。所以人類的大腦演化出這樣的機制，來鼓勵多樣化攝食。

減少食物種類，有助降低食慾和熱量

不過演化並沒有預測到，人類有一天會發展出量大、價廉、種類又多的美味食品。原本用來預防營養缺乏的本能，現在反而大力地替肥胖推波助瀾。

特定感知飽足感也能解釋，為什麼所有的飲食法短期內都會有效。不管是低脂、低碳水、生酮、全素、高蛋白，還是無麩質飲食，都會限制某一類的食物攝取。

因為特定知覺飽足感，減少食物種類就會減少一個人的進食量，也會減少他的食慾跟熱量攝取。所以運用低脂跟低碳水飲食方式來減重，一個不吃脂肪、一個狂吃脂肪，兩個南轅北轍的作法，為什麼都有成功的案例？都有研究證實有效？我認為有一部分，跟人類味覺的特性有關。

至於減重者該如何將以上知識化為日常行動？我建議：

1. 在吃到飽餐廳限定自己只吃 3 ～ 5 樣菜餚，以特定知覺飽足感限制進食量。如果不相信自己的自制力，那就乾脆推掉所有吃到飽的

邀約吧！

2. 減重時未必要吃淡而無味的飲食，但應該避免一餐裡面酸甜苦辣什麼滋味都有。將菜餚味覺單一化，食慾自然得到控制。

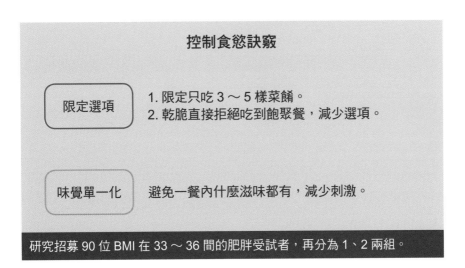

控制食慾訣竅

限定選項	1. 限定只吃 3 ～ 5 樣菜餚。 2. 乾脆直接拒絕吃到飽聚餐，減少選項。
味覺單一化	避免一餐內什麼滋味都有，減少刺激。

研究招募 90 位 BMI 在 33 ～ 36 間的肥胖受試者，再分為 1、2 兩組。

Dr.史考特1分鐘小叮嚀

只要是嶄新的味覺，都會「打開人的第二個胃」。因此減重者減少每餐菜餚種類，就能控制食慾喲！

難解的飢餓！
是身體想吃，還是情緒想？

時不時嘴饞、本來不餓看到同事吃東西也想吃、一有壓力就吃得更多……，小心這類非生物性飢餓，可能讓你陷入減重失敗的循環。

　　沒人喜歡感到疼痛，可是疼痛是保護我們不受傷的重要機制。

　　長大的過程中，疼痛教導我們滾水不要碰、切菜要小心。小孩子不知天高地厚，去拔了貓皇的鬍鬚，被貓爪抓了才知道，爸爸媽媽為什麼要這麼勤奮地每天挖貓沙、餵罐罐，把貓貓伺候地服服貼貼。

　　有一種罕見疾病叫先天痛覺不敏感症，這類病患完全感覺不到痛，學不會要保護自己。曾有患者把骨頭撞斷、舌頭咬一塊下來，旁人驚聲尖叫，自己卻完全不當一回事。

　　這類患者如果成功活到成年，身上都是坑坑疤疤的。無法感覺疼痛的人，很容易受重傷。

　　在我們的經驗裡，受傷了才會痛，所以我們很直覺的會把這兩件事情連接在一起。膝蓋痛，就想到十字韌帶、半月板；下背痛，會不會是椎間盤突出？

你感覺到的餓，是真的餓嗎？

但在科學上，疼痛不是那麼直觀的事情。相對的，當代科學認為疼痛是生物、心理、社會三個因子，在複雜交互作用之後，由大腦解讀出來的一個感受。

看到這裡，大家是不是感到霧煞煞，這跟減重瘦身有什麼關係呢？這是因為飢餓跟疼痛一樣，是一種主觀感受，也是身體向我們對話的方法。例如史考特每天進行 16:8 斷食，每天到中午 12 點如果還沒吃飯，肚子就會有一點微微餓的感覺。這是身體在提醒我：時間到了，該吃飯了。

可是生物性因素不是飢餓產生的唯一原因，大家都有經驗，壓力大的時候會吃不下飯，比方說：

● 中午跟客戶做重要的簡報，老闆在台下磨刀霍霍，似乎只要說錯一個字，回去就要被修理。
● 博士班口試前心裡惴惴不安，不斷思索指導教授到底有沒有要讓我畢業的意思啊？
● 股票大跌，光一個早上就損失了一個月薪水，現在連泡麵都吃不下了……

這些都是心理狀態，影響飢餓感的例子。

早上簡報結束了，看老闆的表情，我應該沒搞砸吧？回到辦公室，心情總算可以放鬆，這時發現同事正在開團訂雞排，一下子肚子就開始咕嚕咕嚕叫了。晚上回家發現家人在吃泡麵，原本已經吃飽的你，還是忍不住跟著撕開一碗泡麵跟著吃起來。甚至手機上無意瞄到買 pizza 送炸雞的廣告，或是網紅吃米其林餐廳的食記，都會讓你突然想吃東西。

看到別人在吃東西，所以我也想吃，這就是社會因子對飢餓感的影響。

生理性飢餓	心理社會性飢餓
身體需要能量和營養。	●用吃來排解壓力、情緒。 ●大家都在吃，我也想要吃。 ●習慣用吃來獎勵自己。

好想吃東西……

飢餓是一個複雜的生理感覺，除了身體對能量的需求，也會因為心情、預期心理、環境或周圍人事物受到影響。

如果各位讀者有斷食的經驗，一定對飢餓有更深的認識。理論上，斷食的時間越長，身體儲存的能量越少，飢餓感就會越強烈。但斷食的人都知道，隨著時間過去，飢餓不僅不會增加，反而會像是微風一樣──不仔細感覺不會注意到。可是如果你讓斷食中的人聞到咖哩飯的味道，或是跟他約定斷食之後去吃韓式石鍋拌飯，這時候他就會被「打開開關」，開始感到肚子餓。

壓力、環境讓你胖！學會分辨真正的飢餓感

飢餓是一個複雜的生理感覺，沒辦法單純用身體的能量需求來解釋。飢餓還牽涉到心情、預期心理、周遭環境、人事物等因子。如果身體的能量存量可以 100% 解釋飢餓的產生，那麼肥胖的人有充足的體脂肪可用，應該就完全不會肚子餓了吧？

疼痛也是一樣的道理，在門診替病患打一樣的針，有人痛得哀哀叫，有人面不改色，眼睛都不眨一下。是大叫的人比較愛演嗎？還是面不改色的人愛逞強？因為每個人的遺傳、焦慮、憂鬱的心理狀態，還有他對於疼痛的解讀，甚至他與另一半的緊張關係，都會放大或是降低疼痛的強度。

我當然不是說，以後身體有痛去看精神科醫師，或是心理諮商就好了。許多疼痛真的是身體受傷所引起，所以各位會需要復健科、骨科醫師來把關，及早解決這些可處理可改善的問題。

但有些時候慢性疼痛不好，檢查也找不出確切疼痛的原因時，一直去執著於正確或錯誤的姿勢，或是 X 光上那一點小小的骨刺，往往是沒有幫助的。這時候我們反而要去注意病患的心理、情緒、對疼痛的認知，甚至是患者在家裡或職場上的壓力。

在復健科門診待久了，往往聽疼痛病患敘述個兩三句，就可以分辨出來哪些是深受社會心理因子所苦。這類病患常常會四處求醫，得到數個不同的解釋，反覆嘗試不同的治療卻不見疾病改善，而陷入一個絕望的情境中。

減重反覆失敗的朋友，除了檢查內分泌、代謝疾病來排除生理性因素。也建議想想：

●是不是常常用飲食來排解壓力？（心理因素）

●是不是有太多難以推掉的社交應酬？（社會因素）

●是不是家庭、工作、學校的環境都是鼓勵多吃，而不利於飲食控制？（環境因素）

Dr.史考特1分鐘小叮嚀

飢餓不是人進食的唯一原因，現代人用食物來排解壓力、無聊、舒緩情緒、聯絡情感，這都讓減肥變得難上加難！

抽脂 ≠ 減肥，
這樣做無法完全減掉脂肪！

減重，不只是為了好看的體態，也是為了讓身體更健康、避免慢性病找上門。那麼，透過抽脂來減肥，是可行的嗎？

　　肥胖是現代人類社會最大的健康問題，沒有之一。已開發國家的主要死因如癌症、心臟病、糖尿病，都與肥胖密切相關。想活得又長壽又健康嗎？那麼維持健康體重絕對是第一要務。

因肥胖衍生的健康風險，不能靠抽脂改善

　　既然過多的體脂肪有害健康，那用手術把它們移除掉，是不是在改善外觀的同時，也能促進健康呢？一篇 2004 年刊登於《新英格蘭醫學期刊（The New England Journal of Medicine）》的論文，便是以此為題所展開的研究。

　　美國學者招募了 15 位希望接受抽脂手術的女性，在術前幫她們做了完整的代謝狀態評估。接著，就按照她們原先的意願，進入手術室抽脂去啦！

這次手術非常成功，全數受試者平均被抽掉了 9 ～ 10 公斤不等的腹部脂肪。女性在抽脂後，腰圍小了一吋，腹部的核磁共振掃描也可看到皮下脂肪的厚度縮減了不少，病患十分滿意。那麼，這些女性的健康狀況，有沒有順便獲得改善呢？

根據術前術後的代謝狀態評估，抽脂女性的血壓、血糖、空腹胰島素、血脂肪、發炎指數等，這些對心血管健康來說很重要的數字，竟然完全沒有改善！原本有糖尿病的受試者，抽掉了大量皮下脂肪，血糖卻一點也沒下降。

如果肥胖是慢性病的根源，移除脂肪為何沒有改善健康呢？

唯有飲食和運動，才能消除有害健康的內臟脂肪

原來，腹部脂肪跟斯斯一樣，分為兩種。現在請各位將雙手放在肚子上，大拇指與食指做一個捏緊的動作，此時在雙指間的柔軟組織，就是腹部皮下脂肪。第二種脂肪，則是附著在我們內臟、腸道周圍的內臟脂肪。

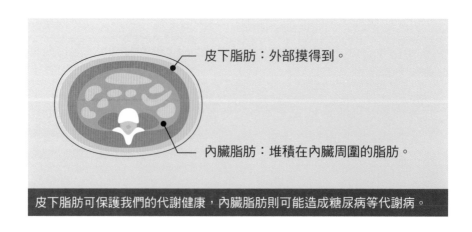

皮下脂肪：外部摸得到。

內臟脂肪：堆積在內臟周圍的脂肪。

皮下脂肪可保護我們的代謝健康，內臟脂肪則可能造成糖尿病等代謝病。

醫學研究發現，脂肪如果堆積在內臟周圍、甚至跑到肝臟裡變成脂肪肝，或是跑到肌肉裡變成雪花牛，對於健康是特別有害的。這樣的脂肪位置比較深層，無法用手術移除，但它們會造成糖尿病、慢性發炎、心血管疾病。

可是，堆積在皮下的脂肪，不但沒有害處，反而能保護我們的代謝健康。各位沒看錯，皮下脂肪其實是健康的守護者，這點我下一篇文章還會詳細地解釋。

抽脂手術所能移除的都是皮下脂肪，內臟脂肪一點也不會減少。也難怪就算這些人被抽了 10 公斤的脂肪，健康狀態卻一點也沒改善。要如何才能消除內臟脂肪？最有效的方式，還是降低飲食熱量攝取；有氧運動如慢跑、飛輪、健行，也是被科學證實的好方法！

Dr.史考特1分鐘小叮嚀

抽脂確實可去除脂肪，但減少的僅是皮下脂肪，深層堆積在器官和腹部的內臟脂肪可不能藉由手術解決喔！雖是老生常談，但全面檢視你的生活型態，依然是健康減重的不二法門。

外表是瘦子，
但脂肪可能都藏在內臟裡!?

每當看到可以盡情吃也沒在運動，卻一點都不胖的人，總是感到羨慕不已？小心這些人可能都是隱形胖子。

內臟脂肪對健康有害，我想大家都能接受。但上一篇文章我們提到，皮下脂肪是健康的守護者，原來世上竟有好的體脂肪？且聽我說個故事來解釋：

「肥美鎮」是物產豐饒的農業區，生產大量且品質又好的蔬菜、水果、肉品及乳製品。在運送到城市前，這些農產品會先進到「肥美倉儲」暫存，再經喊價拍賣，最後由零售批發業者轉賣到家家戶戶。

今年氣候特別理想，農產品生產過剩，「肥美倉儲」堆得滿滿的。雖然豐收，但農產公司的總經理反而憂心忡忡，怕放不下的農產品會腐敗掉，造成公司損失。於是他指示公司增加存放空間，原本的倉儲旁搭建了臨時的建物，還添購大型冷藏設備，暫時化解了這個危機。

沒想到，隔年的農牧產品還是豐收，一大批乳製品沒地方冷藏。總經理只好再撥預算，在遠一點的地方加蓋一座臨時倉庫，並請往來的零售業者舉辦促銷活動。甚至自己捲起袖子，在記者會上與董事長一起切水果請媒體朋友吃，要全國人民都知道肥美鎮的農產品有多讚。

問題是，全國人民就這麼多，每個人的胃就這麼大。再怎麼促銷降價，消費者也只能吃得下這麼多。於是，過剩的問題終於爆炸了。過剩的農產品堆在倉庫外面、田間、甚至路邊，開始腐爛發臭，把整個肥美鎮弄得烏煙瘴氣的。

過高的體脂肪，是代謝疾病大敵

看到這邊，我們要拉回正題了。在這個故事裡，皮下脂肪就是「肥美倉儲」，過剩的農產品是我們每天吃下肚的過多熱量，而家戶消費者則是全身上下的細胞。

現代社會的食物價廉、量大、方便取得、且色香味俱佳，要不吃過量都難。當吃下肚的熱量長期超出身體所需，體脂肪便把多餘熱量儲存起來，人就慢慢變得圓潤。這時增加的體脂肪，就是故事裡不斷增建的臨時倉庫。

但體脂肪與肥美倉儲都無法無限制的擴張，當熱量與農產品多到無處存放，就會開始在不適當的地方堆積起來，導致身體疾病及環境髒亂。肥美鎮農產品過剩，塞爆倉庫，造成環境衛生浩劫；熱量攝取過多，塞爆體脂肪，造成身體代謝疾病。

科學家提出了假說：現代人攝取的多餘熱量，都是靠皮下脂肪在儲存。等到有一天儲存空間不夠用，這些熱量就跑到肝臟裡造成脂肪肝，跑到肌肉裡變成雪花牛。脂肪堆積在肝臟與肌肉，影響正常代謝生理運作，所以才會得到糖尿病。

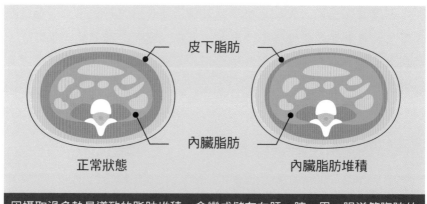

皮下脂肪

內臟脂肪

正常狀態

內臟脂肪堆積

因攝取過多熱量導致的脂肪堆積，會變成儲存在肝、胰、胃、腸道等腹腔的內臟脂肪，囤積到一定程度會增加多種疾患風險。

該注意的是你吃下的東西，而非外表瘦不瘦

但是，在我當醫學生時就注意到一個現象，雖然肥胖者容易罹患糖尿病，但不是每個糖尿病患都是胖子。有的人脂肪儲存能力強，可以吃到很胖都不會生病；但有的人儲存能力弱，表面看起來很瘦很健康，實際上已經糖尿病、動脈硬化了。

瘦≠內臟脂肪不高≠不會得糖尿病！

胖≠內臟脂肪高

重點是注意內臟脂肪比例，而非外表看來瘦就可以放心！

　　舉個例子來說，2008 年北京奧運銀牌田徑女子選手 Priscilla，肌肉發達、全身又沒半點脂肪，六塊腹肌更讓許多男生都自歎不如。可是在健康檢查時，竟發現她血液三酸甘油酯超標三倍！醫生後來做基因檢測，發現 Priscilla 罹患「先天性脂肪失養症」這種罕見疾病。這類患者身上沒一丁點贅肉，卻有嚴重的糖尿病，這是體脂肪儲存能力不良的後果之一。

　　上一篇文章中談到抽脂無法改善健康，也是一樣的道理。抽脂就好像把倉庫剷平一樣，乍看之下問題不見了，但假如農產品還是源源不斷地送來，怎麼會解決過剩的問題呢？

　　這不是解決問題，這是把解決問題的人解決掉。

　　慢性病的根源，是現代飲食環境與文化，讓熱量過剩成為常態。體脂肪並不是健康殺手，停不下來的嘴巴才是。

Dr.史考特1分鐘小叮嚀

體脂肪其實是健康的守護者，然而大多數人卻只在意那些看得見的贅肉，而忽略了躲在內臟裡，真正傷害健康的脂肪。不論你是胖或瘦，都應好好管控飲食、多運動！

小時胖要當心，
可能會胖一輩子 !?

肥胖對小孩未來的體重、健康甚至心理都有不小的影響，所以別再以為孩子胖嘟嘟好可愛，而放任他們愛吃什麼就吃什麼了！

　　大人不希望自己白白胖胖，但看到圓滾滾的孩子，卻覺得可愛、有福相、父母真會養。長輩也說，小時候胖不是胖，長大就好了。事實真的是這樣嗎？

從小管理體重，避免肥胖和疾病如影隨形

　　科學研究告訴我們：不對，小時候胖就是胖。2008 年發表在《肥胖期刊（Obesity Reviews）》的一篇統合性研究指出，胖小弟、胖小妹變成胖先生胖小姐的機會，比一般小孩高出 10 倍之多。進入青春期的少男、少女如果體重超標，也有近六成機率瘦不下來。

　　在臨床上，我曾看過不到 18 歲就被診斷為第二型糖尿病的小胖弟；甚至遇過 25 歲體重就飆破 130 公斤，需要用藥物控制糖尿病、高血壓，被醫生建議進行縮胃手術的年輕男子。

　　原本 50 ～ 60 歲才會發生的疾病，因為嚴重肥胖而提早 30 年出現，

這對患者的健康、經濟、家庭都是極為沉重的負擔。一個人 50 歲就中風、洗腎、心衰竭，是非常悲慘的事。

在復健科門診，我也發現原本 50 歲才會出現的退化性關節炎，開始出現在不到 40 歲的年輕族群身上。仔細詢問下，幾乎都曾有或現在有肥胖的困擾。

更糟的是，肥胖的孩子在學校容易被標籤化、歧視，更常有社交方面困擾，這些些壓力可能進一步造成心理疾病。研究也發現肥胖的孩子學業跟不上的機率，是體重正常孩子的四倍。

為了金孫好，一定要跟阿公阿嬤說，小時候胖就是胖，別過度餵食了。孩子身材比例與成人不同，肉嘟嘟未必真的是胖。想知道自己家的小朋友體重是否超標嗎？可以上國民健康署的網站，輸入孩子的生日、身高、體重，就可以知道體重在同齡幼童的百分位為多少，網站連結以 QR code 形式放在下方。我們希望孩子的學業成績是 PR 99，但體重絕對不要 PR 99。小時候胖就是胖，請大家告訴大家！

衛生福利部國民健康署健康
九九「新版兒童生長曲線」

Dr.史考特1分鐘小叮嚀

假如你還停留在「有肉才有財」、「能吃就是福」的傳統觀念，可得改一改囉！各種研究和事實都告訴我們：胖兒童成為胖大人的可能性很高，請多多關注孩子的體重和健康。

減脂瘦身變美，
最新科學有實證！

用想的就能變瘦嗎？減重一定要吃到基礎代謝率？坊間常聽說的那
些關於健瘦身該怎麼吃的事，史考特用科學研究分析給你聽！

Dr. Scott

戒澱粉 or 戒脂肪，哪一種減重法才有效？

水煮餐、低醣飲食、生酮飲食、地中海飲食……，與其跟著潮流走，一個能長期執行、適合個人的飲食計畫，瘦身效果更好！

　　飲食這個話題相當獨特，每個人都有很多吃飯的經驗（誰沒有），而經驗會造就自信，因此不同的觀點特別多。去網路或實體書店看看，你會發現擺得滿坑滿谷的減重叢書裡，幾乎沒有兩本的觀念是相同的。到街頭訪問 100 個人心中最有效的減重飲食為何，你大概會得到 101 種答案。

　　一個人沒受過專業訓練，通常不會認為自己是醫學專家（可惜還是有）。但即使沒受過營養學訓練，不少人還是對飲食有強烈的主張，在 ptt 啊、臉書上，飲食是最容易引發戰火的主題，生酮戰低脂、素食打葷食，叫人看得血脈賁張（？）。

熱門飲食減重法 PK！哪一種最易瘦？

　　到底哪一種飲食最能瘦？不僅一般人想知道，科學界也很想知道。2020 年《英國醫學期刊（British Medical Journal）》發表一篇「網絡系統性回顧」，統整 121 篇研究中兩萬多人的數據，以統計方法比較不

同飲食的減重效果，看看誰才是減重之王。

　　結果不意外，各種飲食都有效，而且效果差不多。在減重第六個月時，低脂飲食者平均減去 4.4 公斤，低碳水飲食者減去 4.6 公斤，可以說是平分秋色。其他參賽者像是家喻戶曉的地中海飲食、治療高血壓的得舒飲食、原始人吃的石器飲食等，減重效果都略遜一籌，半年只減了 3 公斤。這篇研究還揭露了一件殘酷的事實：開始減重 12 個月後，不管你吃哪一種飲食，幾乎都會復胖！

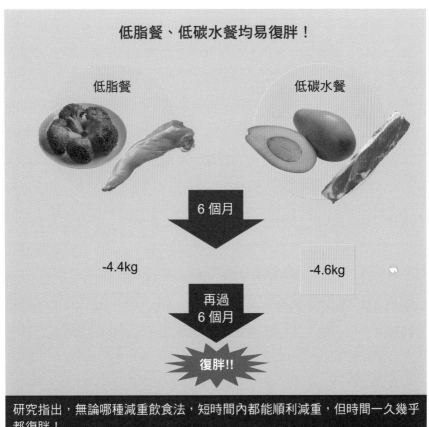

低脂餐、低碳水餐均易復胖！

低脂餐　　　　　　　　　　低碳水餐

6 個月

-4.4kg　　　　　　　　　　-4.6kg

再過
6 個月

復胖!!

研究指出，無論哪種減重飲食法，短時間內都能順利減重，但時間一久幾乎都復胖！

用任何一種飲食減重滿一年的人，只比什麼都不做的人輕了一點多公斤。雖然大家都知道減重很難，但沒想到有這麼難！

而且這些是臨床研究中受試者的成績，照常理來說，有一群穿白色長袍的人用儀器測量自己體重時，人們比較會有心理壓力，而乖乖表現、好好節食。因此這樣的成績應該已經是高估，普通人在沒有監督壓力下，減重成績應該會更差。

低碳水飲食有助減肥的 3 個關鍵

看過我第一本書《Dr. 史考特的一分鐘健瘦身教室》的讀者可能有印象，之前不是舉了一堆研究說明低碳水飲食如何勝過低脂飲食嗎？怎麼現在說法又不同了？這是因為隨著科學研究的進展，這幾年我的看法有了轉變，我仍然相信低碳水是一個有效的減重法，但過往的研究常有幾個問題，讓低碳水飲食占了一些便宜：

1. **高蛋白**：低碳水飲食的蛋白質含量往往高於低脂飲食，而蛋白質是最能使人飽足，又不易形成體脂肪堆積的營養素。

2. **水分流失**：低碳水飲食會讓肌肉中肝醣含量減少，導致肌肉中水分流失。這是飲食造成的正常現象，並不是飲水不足造成的「脫水」，但無論如何，這都會產生體重降低的假象。

3. **食物品質**：研究中的低脂飲食常給受試者吃餅乾、麵包、果汁汽水等精製碳水化合物，不好的飲食品質反而讓受試者更加飢餓，而忍不住多吃了其他東西。

低碳水飲食法占便宜的 3 個關鍵

飲食法	特性	結果
低碳水	高蛋白（飽足感↑） 肝醣減少（水分↓）	體脂↓　體重↓ **自然勝出**
低脂	精製碳水（飢餓感↑）	忍不住吃更多 **陷阱**

低碳水飲食法在研究中占了不少便宜，體重跟體脂自然比低脂飲食易降！

　　這些「不公平」的優勢讓低碳水在過去的研究中打敗低脂飲食，但隨著營養學研究的進展，現在的我認為低脂飲食只要增加蛋白質，並以蔬菜、水果、原型澱粉食物為主，減重效果未必會輸低碳水飲食。

認知 x 習慣 x 環境，打造瘦身金三角

　　將全部的減重飲食研究放在一起，科學家發現一個明顯的趨勢：各種減重法短期做，都很有效；長期下來，都很沒效。花三個月時間，低碳水飲食或許可以幫你多減一公斤，但只要飲食習慣沒有維持住，一兩公斤的差距很快就會歸零。

要長久地改變行為，就一定要改變環境。這裡說的環境包括冰箱裡放的食物、櫥櫃裡放的零食、樓下開的鹽酥雞攤、手機裡的外送叫餐 App、甚至弟妹晚上吃泡麵的習慣，或是從小到大父母在餐桌上給你潛移默化的飲食觀念，這些都是環境的一部份。

　　減重真的很難，要有正確認知、要培養正確習慣、還要改變周圍環境，而不可否認的，環境並不是我們可以完全掌握的因素，我們沒辦法選擇父母、無法叫鹽酥雞老闆收起來不做，也難怪減重成功的人那麼少。

　　反過來想想，為何練健美的人身材可以一直都那麼好？不正是因為他們花錢上各式各樣的研習課，訂閱一分鐘健身教室 YouTube 頻道，自己煮飯計算每餐熱量，冰箱裡塞滿蔬菜、水果、雞胸肉，進健身房裡結交同樣喜歡健身的朋友，甚至打開 App 訂的也都是健身餐。認知、習慣、環境都對了，維持身材當然變得容易。

　　任何人都能在短時間內減重，但僅有少數人能長期維持好身材。能長期執行的飲食，才是好的飲食。

Dr.史考特1分鐘小叮嚀

低碳水與低脂肪飲食法的減重效果都不錯，但要長期維持住減重的成果，還是得靠認知、習慣、環境的大改造才行！

拯救泡芙身材，
高蛋白飲食會是解方嗎？

明明體重標準，一量體脂卻破表的泡芙人，多吃富含蛋白質的食物對增肌減脂有幫助嗎？

有些朋友體重不算重，平時也不覺得他（她）特別胖，但肚子的部分鬆垮垮的，不是很結實。如果一起穿上泳衣到海邊玩，可能會驚覺「啊！原來他（她）也蠻胖的」。

這種身材俗稱「泡芙人」，在學術上有明確的定義：身體質量指數（BMI）正常，但體脂肪率過高，男生體脂超過 23%，女生超過 33%，就叫做「體重正常的肥胖」（Normal weight obesity）。簡單來說，就是體重雖然未超標，但肌肉很少、脂肪又很多，看起來就會鬆鬆軟軟像泡芙一樣。

$$BMI = \frac{體重（公斤）}{身高 \times 身高（公尺^2）}$$

過輕：BMI < 18.5
正常：18.5 ≦ BMI < 24
過重：24 ≦ BMI < 27

BMI（Body Mass Index）是用來衡量肥胖程度的「身體質量指數」，國民健康署建議成人 BMI 應維持在 18.5 ～ 24 之間。不過，就算體重在標準範圍內，體脂率過高也會有健康上的隱憂。

只靠蛋白質減脂，減重易遇瓶頸

泡芙人怎麼救？聰明的各位讀者一定猜到，就是飲食熱量控制加上重量訓練！但是說的比做的容易，訓練與飲食習慣難以維持，十個人做有九個會失敗，有沒有輕鬆又有效的方法？

大家的心聲，學術界聽到了。一篇 2020 年發表在《英國醫學期刊（British Journal of Nutrition）》的研究，招募了 50 位泡芙女子，以隨機雙盲的方式拆為兩組。一組吃正常人會吃的飲食：15% 蛋白質、30% 脂肪、55% 碳水；另一組吃高蛋白飲食：25% 蛋白質、30% 脂肪、45% 碳水。兩組都被指示要吃到每日熱量所需（Total daily energy expenditure 簡寫為 TDEE），也就是吃進去與消耗的熱量剛好相等，目的是希望她們體重保持穩定。

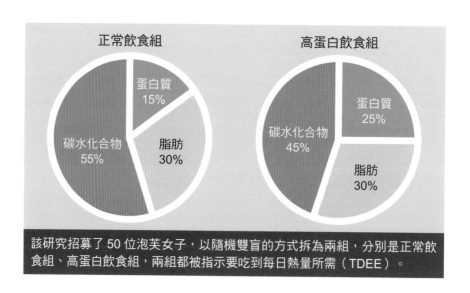

該研究招募了 50 位泡芙女子，以隨機雙盲的方式拆為兩組，分別是正常飲食組、高蛋白飲食組，兩組都被指示要吃到每日熱量所需（TDEE）。

蛋白質攝取量方面，正常組為每日每公斤體重 0.8 ～ 1.0 公克，這差不多剛好是各國政府的建議值；而高蛋白組則攝取到每日每公斤體

重 1.2 ～ 1.4 公克，比建議值稍高，但又比健身者吃的 1.5 ～ 2.0 公克少。

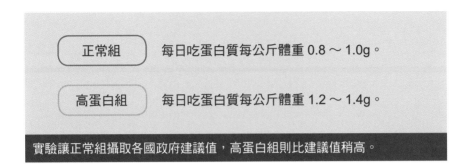

正常組　　每日吃蛋白質每公斤體重 0.8 ～ 1.0g。

高蛋白組　　每日吃蛋白質每公斤體重 1.2 ～ 1.4g。

實驗讓正常組攝取各國政府建議值，高蛋白組則比建議值稍高。

　　研究期間泡芙女子們完全不用運動，甚至有一個人因為開始健身，而被踢出了研究（苦笑）。過了 12 週之後，兩組女子的體重都沒變化，但肌肉與脂肪量卻出現差距。高蛋白組增加 1.3 公斤肌肉，減去 0.9 公斤脂肪；正常飲食組則是減少 0.3 公斤肌肉，增加 0.2 公斤脂肪。身體組成的改變也反映在腰圍上，高蛋白組減去了 2.7 公分腰圍，正常組則沒有變化。原來只要增加蛋白質攝取，就能拯救泡芙人？

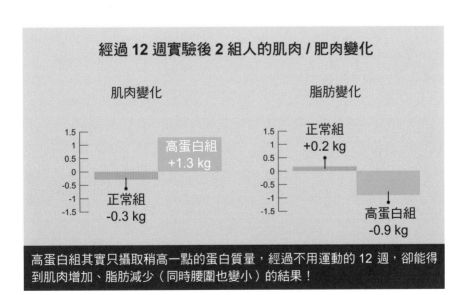

經過 12 週實驗後 2 組人的肌肉 / 肥肉變化

肌肉變化　　　　　　　　　脂肪變化

高蛋白組
+1.3 kg

正常組
-0.3 kg

正常組
+0.2 kg

高蛋白組
-0.9 kg

高蛋白組其實只攝取稍高一點的蛋白質量，經過不用運動的 12 週，卻能得到肌肉增加、脂肪減少（同時腰圍也變小）的結果！

蛋白質促進飽足感，又能刺激肌肉蛋白合成，即使沒有刻意節食，也能在不改變體重的情況下降低體脂、消去水桶腰，可以說是懶人減重的最佳選擇。

　　雖說多吃富含蛋白質食物對增肌減脂有幫助，但還是提醒各位：減脂的最大前提是降低總熱量攝取；增肌的最大關鍵是規律的重量訓練。僅靠多吃瘦肉、多喝乳清補充蛋白質，身材很快就會遇到瓶頸，高蛋白飲食有一些幫助，但不能當作是全部。

Dr.史考特1分鐘小叮嚀

想要成功增肌減脂，整體的飲食控制加上重量訓練才是正途，高蛋白飲食只能推你一把，就一把而已。

揭開4大熱門減重飲食法的神祕面紗

低碳生酮、高碳、低脂，坊間流傳的各式減肥飲食法，聽說都能讓人快速變瘦，背後原理是什麼？真有科學根據嗎？

市面上的減重飲食法五花八門，每一種似乎都說得頭頭是道、也都有各自的成功案例。讓我來帶大家檢視幾種最極端的飲食法，並且分析它們為什麼都有效。

4 個關於極端減重飲食法的故事

● 第一個故事：馬鈴薯單一飲食

美國人 Andrew Taylors 靠著只吃馬鈴薯，在一年內減去了 53 公斤，從 151 掉到剩 98 公斤。期間他只吃馬鈴薯跟喝水，並用各種不同的方式烹調馬鈴薯，也會加入低熱量的醬料，補充維生素以避免營養不良。據他的說法是只要餓了就吃，完全不控制熱量，在第一個月裡完全沒運動，就瘦了 10 公斤之多。

● 第二個故事：白米白糖飲食

1939 年一位名為 Walter Kempner 的醫生用低脂飲食來治療肥胖、糖尿病及心臟病。建議讀者坐好，並抓緊椅子的扶手，以免接下來這

段害各位從椅子上摔下來。Kempner 的飲食處方包括白米、果汁、砂糖、水果，其他東西通通不准吃。病患每天平均吃掉 100 公克的砂糖，94% 以上的熱量來自碳水化合物，照目前主流的觀點來看，拿這樣的飲食治療糖尿病根本是火上加油。

但神奇的是，他的飲食處方超級有效的，不信嗎？其結果是，至少有 106 位病患透過這個飲食法減重超過 45 公斤，而他的研究成果也發表在醫學期刊上。

● 第三個故事：生酮飲食

Kristina 原本是一個胖胖的女孩，在一年的時間裡靠著生酮飲食，只吃培根、蛋、肉、蔬菜，排除所有糖跟澱粉食物，一年多減了 35 公斤。她說自己從來不需要計算熱量，只靠著不吃澱粉，就順利的一路瘦下來。

我們講了三個減重故事，用三種非常不同的飲食法，都得到了驚人的成功。有人每天吃 100 公克砂糖減重，有些人每天吃 100 公克脂肪減重，為什麼都能瘦？難道有人在騙人？或者是，這三種看起來非常不同的飲食，其實存在著共通點？讓我們再參考下面這個故事：

● 第四個故事：安素飲食

1965 年有一個這樣的研究，學者請肥胖與體重正常的人搬進實驗室裡住，每天到了吃飯時間會有一台機器伸出吸管，裡面會流出像安素一樣的液體營養品，同時機器會計算使用者吃了多少熱量。這個安素是特別調配過的，裡面有所有人體必需的營養素，營養成分是沒問題的，但是完全沒有任何正常食物的味道，非常的單調難喝。

兩個體重正常的人入住後，使用這樣的機器進食。雖然他們對於味道有許多抱怨，但進食熱量正常，體重也維持不變。

　　有趣的是，兩位極度肥胖的人進到實驗室裡，竟然產生了像厭食症一樣的症狀，完全不想吃東西！一位每天只吃 275 大卡的安素，一位只吃 144 大卡。其中一位在實驗室裡住了 70 天，竟然也就瘦了 32 公斤。因為減重的效果太好了，實驗室的人給了他不少液體營養品，讓他帶回家繼續喝。結果他靠著喝安素，在半年內又瘦了 90 公斤，最後體重竟剛好是實驗前的一半！

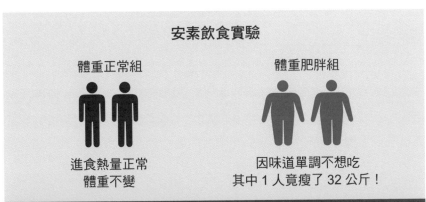

安素飲食實驗

體重正常組　　　　　　　　　　　　體重肥胖組

進食熱量正常　　　　　　　　因味道單調不想吃
體重不變　　　　　　　　　　其中 1 人竟瘦了 32 公斤！

安素是經過特別調配的營養品，成分無虞但味道單調難喝，沒想到因此讓肥胖組產生厭食症狀，意外瘦下大量體重。

當食物選擇變少，更易控制食量

　　以上四個乍看相當不同的飲食，其實有一個非常重要的共通點，就是他們都透過**限制食物種類，讓飲食變得很單調、很無聊**。這就是我們在 Part 1〈再飽還是能裝下甜點！人真有第二個胃？〉提到的「特定知覺飽足感」：人單吃一種東西很快就會膩了，會想換換口味，而當餐桌上菜餚越多時，人的進食量就會越多。此外，現代的垃圾食物、加工食品，幾乎都是混合高油、高鹽、高糖的食材所製成，這些食物會讓人產生像吸毒一樣的快感而一口接一口。

白米白糖飲食、生酮飲食或是安素飲食，都非常的單調，一下子就會吃膩了。由於這些飲食的限制，也讓人根本沒有機會吃到像是OREO餅乾、或是麥當勞炸雞的加工食品，所以重點在此：

　　人們進食的原因不只是為了飢餓，有時是為了東西好吃，有時是因為食物能幫我們紓解壓力，甚至吃飯本身就有聯絡感情、社交互動的功能。當我們限制住可以吃的東西種類，食物變得不好吃了、沒有辦法刺激大腦獎勵訊息時，吃東西的原因就只剩下一個：維持基本生理需求。

　　這也是為什麼安素實驗中，體重正常者喝安素不會變瘦，而肥胖者喝安素會狂瘦。因為肥胖者原本不是因為身體缺乏熱量才吃飯，他們是為了其他的理由吃飯。當我們給肥胖者嚴格的飲食框架後，等於將美味、嘴饞、無聊、紓壓、社交這些進食理由都排除掉了，讓他們能夠重新聆聽身體給我們的訊號，使進食量回復到正常的狀態。

　　低脂、低碳飲食都有效，原因是因為他們都將食物種類限制住，讓人比較不會因為飢餓以外的因素而狂吃，讓大腦控制熱量攝取的機制能夠重新運作。所以就算有一天，有人用汽水飲食、麵包飲食，甚至是炸雞飲食、薯條飲食減重成功，我都不會太訝異。

Dr.史考特1分鐘小叮嚀

我並不建議讀者採取極端飲食法來減重，但我們可以借用裡面的觀念，也就是減少食物的種類，別讓自己有太多不同的東西可選，並且減少接觸垃圾食物，這對減重絕對是有幫助的。

不吃早餐讓人胖！
研究看法不同調

大家都說每天吃早餐比較不容易變胖，但是想減重的人難道非得逼自己吃早餐不可嗎？來看看臨床研究怎麼說。

　　傳統觀念說，早餐是一天裡最重要的一餐；流行歌手說，吃早餐是一件很 rock 的事情；許多專家說，早餐有助於體重控制。甚至有網路文章以「不吃早餐小心變胖」這樣聳動的標題來吸引點閱數。到底早餐與體重間的關係如何，讓我帶各位深入探討。

破解「吃早餐會變瘦」的謬誤

　　吃早餐會瘦的觀念，最初來自於一系列觀察性研究，學者以飲食問卷大規模調查民眾飲食習慣，發現有吃早餐習慣的人，肥胖的比例比較少，因此這樣的說法逐漸流傳下來，成為飲食的教條之一。

　　這個結論的推導其實是很有問題的，因為「關聯性不等於因果關係」。兩件事情一起發生，不代表其中一個是因，另外一個是果。吃早餐的人比較瘦，不代表吃早餐讓人變瘦。

　　如果我們要確定早餐與體重間的因果關係，一定要做臨床試驗才

行。不是我老調重彈，而是類似的問題在營養學研究中太普遍了。不過我想替學者們講幾句話，營養學過度仰賴觀察性研究的原因，有以下幾點：

1. **經費不足**：營養學不像藥物研究有大藥廠或天使投資人的金援，因此很少能做昂貴的臨床試驗，僅能仰賴觀察性研究。

2. **過於複雜**：人類飲食極為複雜，但臨床研究一次僅能改變一個因子，雜訊與信號比過大，有點像是在吵雜的菜市場中偷聽別人的耳語，真正正確的信號不確定有多少。

3. **時間極長**：許多營養學關注的議題如癌症、糖尿病，都需要數十年時間產生，這麼長時間的研究耗資極高，也不切實際。

是早餐影響胖瘦？還是生活習慣惹的禍？

還好，最新發表在《英國醫學期刊（British Medical Journal）》的研究，統整了 13 篇臨床試驗的數據，希望能一次終結掉早餐的爭議。臨床試驗就是實際找一群人來拆成兩組，一組要求他們吃早餐，另一組不吃，再觀察他們的體重變化及熱量攝取。這麼做可以確保兩組間唯一的差異是吃與不吃早餐，而不會被其他變因給干擾。

結果這篇研究發現，不吃早餐平均可以讓人減重 0.44 公斤，每天總熱量攝取減少 260 大卡。不吃早餐，真的比較瘦！

支持吃早餐的一個說法是，不吃早餐的人，午餐晚餐會更餓、更容易爆食，最終讓整體熱量攝取變多。但這篇研究告訴我們：並不會。許多間歇性斷食的研究也發現，不管是每天 16 小時或 24 小時不吃，人們確實會因為飢餓而在斷食結束後多吃。但這個代價並不會超過斷食期間少吃的熱量，整天總熱量攝取依然是較少的。

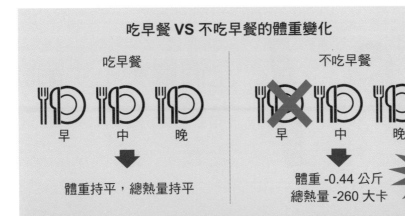

吃早餐 VS 不吃早餐的體重變化

吃早餐　　　　　　　　　　不吃早餐

早　　中　　晚　　　　　　早　　中　　晚

↓　　　　　　　　　　　↓

體重持平，總熱量持平　　　　體重 -0.44 公斤
　　　　　　　　　　　　　總熱量 -260 大卡

不吃早餐，會變瘦！

不吃早餐平均減重 0.44 公斤，每天總熱量減少 260 大卡。

　　為什麼過去研究會觀察到吃早餐的人都比較瘦呢？我認為，是跟整體生活型態有關。試著想想，什麼樣的人會不吃早餐？早上很趕或者是賴床的人，對吧？那什麼樣的人會早上賴床呢？晚上睡不夠的人嘛！那什麼樣的人會晚上睡不夠呢？不外乎就是工時長、壓力大，或是夜夜笙歌、作息不正常的人。

　　這樣的人往往缺乏睡眠、壓力大、不常運動，更沒有心思去控管飲食。而上述這幾點都是肥胖的危險因子。不吃早餐常伴隨不良的生活習慣，是這些生活習慣造成肥胖，早餐只是無辜的旁觀者罷了。

Dr.史考特1分鐘小叮嚀

想減肥但沒有吃早餐的習慣？沒問題！請繼續保持下去，不用逼迫自己開始吃早餐；想減肥又想吃早餐？也沒問題！請控制整日熱量攝取，午餐或晚餐吃得少一些，你一樣能瘦的。

全面解析！生酮飲食為何能有效減重？

生酮飲食的減重效果，是否真比傳統的低脂飲食或其他減肥飲食方法更好？這一篇將帶你認識生酮飲食的特色，以及透過它來減重的生理機制。

　　生酮飲食是近來最火紅的減重飲食，大街小巷報章雜誌都在談它。我很久以前就對生酮飲食感興趣，甚至自己做過八週的生酮實驗（詳情可參考下一篇），也在粉絲團、網誌上寫過數篇文章探討相關科學知識。

　　不過，隨著更多科學研究的發表，近幾年來我對於生酮及低碳水化合物飲食的看法有所轉變。我仍然相信它們是有效的減重飲食，只是對於有效的原因有了不同解釋。

　　本篇我要來談生酮飲食為什麼能減重，我並不是鼓勵或反對生酮飲食，只是我相信藉由探討其減重原理，各位可以從中認識飲食控制的大原

則，往後「無招勝有招」，飲食控制不再需要遵守僵硬的教條。

什麼是生酮飲食？

生酮飲食定義上就是嚴格限制碳水化合物的飲食法，至於限制要多嚴格？各家說法都不大一樣。參照 2015 年發表在《營養（Nutrition）》期刊上的論文，定義生酮飲食為每天碳水化合物攝取量低於 50 公克。碳水化合物吃這麼少時，人體會被迫燃燒脂肪作為主要能量，而肝臟在代謝脂肪的過程中又會製造丙酮（Acetone）、乙醯乙酸（Acetoacetate）、β - 羥基丁酸（β-hydroxybutyrate）三種「酮體」分子，最後經血液傳輸到全身供肌肉、大腦、心臟還有其他器官作為能量使用。

順便跟大家講一個觀念，生酮的關鍵不是吃很多脂肪，而是儘可能少吃碳水化合物，或是增加碳水的消耗。所以什麼都不吃的斷食者、或是長時間運動大量消耗碳水的人往往也會生酮。

透視生酮飲食背後 5 大減肥原理

進入正題，為什麼生酮對於減重很有效？

第一，生酮飲食會導致身體流失水分。

平時我們吃的碳水化合物會以肝醣的形式儲存在肌肉中，所以生酮飲食會導致肌肉肝醣儲量降低。而肝醣是親水的分子，身體每損失 1 公克的肝醣就會同時流失掉 3 ～ 4 公克的水。許多人開始生酮飲食的第一週體重就掉 2 ～ 3 公斤，整個人看起來小一號，這都是因為水分的流失，而非完全是脂肪變少。

第二，酮體有食慾抑制效果。

我在做生酮實驗的那八週，每餐的熱量都是固定的，刻意讓生酮實驗前後的熱量保持不變。曾有網友質疑我，為什麼生酮還要控制熱量？熟知科學方法的朋友應該知道，做實驗時一次只能改變一個變因，不然我怎麼知道生酮飲食對我身體的影響，是來自熱量改變，還是生酮本身？

　　在那八個禮拜裡，為了吃完熱量算好的「生酮便當」，我每一餐都吃得很痛苦。生酮飲食實在太飽了，每次到用餐時間總是覺得時光飛逝，我肚子還不餓啊！2015 年發表在《肥胖評論（Obesity Reviews）》』期刊上的統合性研究，也同意我的經驗。大部分執行生酮飲食的受試者，都吃得更飽，不太會肚子餓，而且隨著體重直直落，飢餓感並不會越來越嚴重，這是跟一般減重飲食很不同的一點。科學家目前還不知道生酮飲食讓人飽足的原因，不過初步的證據顯示跟酮體有關。

第三，蛋白質攝取的增加。

　　生酮飲食雖然要求高脂肪攝取，但真的把油當水喝，畢竟是不實際也不美味的做法。大部分人執行生酮，還是會以高脂肉類、全蛋、乳製品、堅果、橄欖油等作為主要熱量來源，動物性的油脂例如肉、蛋、奶，都含有不少蛋白質。雖然許多生酮專家建議限制蛋白質攝取，但實際看看現有的生酮飲食研究，會發現大部分根本就是高蛋白飲食。研究發現蛋白質是三大營養素裡面飽足感最好的，高蛋白飲食能讓人自發性地降低進食量。蛋白質攝取，也是生酮減重的關鍵之一。

第四，吃膩了。

　　東坡肉很好吃對不對？吃第一塊第二塊會覺得是人間美味，但是吃到第三第四塊，可能就不會那麼讚嘆了，如果有人逼著你要把十塊東坡肉吃下肚，只怕到最後會反胃想吐吧？高級餐廳的食物為什麼都小小一盤，讓人吃不飽？不是為了節省成本，而是名廚們知道，味道再好的菜餚吃多了都會膩。要滿足顧客挑剔的味蕾，就一定要在吃膩前換上下一道菜，

用新的味覺來刺激大腦。這個現象又叫做「特定知覺飽足感」（Sensory specific satiety）。

生酮飲食完全不能吃澱粉與甜食，一餐裡基本上只有鹹味、油脂味，食物的種類很少。很快就會因特定知覺飽足感的作用，吃膩、把筷子放下了。國外有些食品廠商深諳這個道理，推出了生酮甜點、生酮餅乾、生酮蛋糕來讓顧客換換口味，這完全是開減重倒車！一些國外提倡生酮的網紅名人為何身材臃腫？我認為跟過於發達的生酮食品產業有關。

第五，不能吃垃圾食物。

我們前面談到，混合糖、鹽、油脂、澱粉的超級加工食品，最能刺激大腦的神經獎勵系統，讓人一吃再吃無法停止。水煮馬鈴薯一點吸引力也沒有，但把馬鈴薯切片油炸撒上鹽後，就變成一口接一口，停不下來的垃圾食物了。冰淇淋、巧克力、蛋糕、雞排，都符合這樣的特性。

吃原型食物比較不會胖，是因為天然食物有的鹹有的甜、有的富含脂肪、有的充滿澱粉，但很少同時符合以上三種特性的。生酮飲食完全禁止澱粉與糖，吃不到這些讓人上癮的垃圾食物，熱量攝取自然就獲得了控制。生酮飲食鼓勵大家吃乳製品、肉類、橄欖油、蔬菜，這些東西固然美味，但要像冰淇淋一樣吃個不停，還是不容易的。

各位讀者有發現嗎？不是只有生酮飲食，才能做到上述幾點。例如健美先生小姐們常吃的水煮高蛋白餐，一個便當盒裡面水煮雞胸肉、花椰菜、糙米飯各占去三分之一體積，餐餐都吃一樣的內容。這種吃法也符合高蛋白攝取、內容單調、不吃垃圾食物。除了第二點的酮體抑制食慾只有吃生酮能做到，第三、四、五點是許多減重飲食的共通特徵。

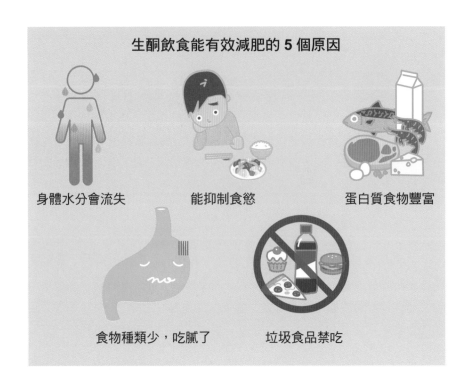

生酮飲食能有效減肥的 5 個原因

身體水分會流失　　　能抑制食慾　　　蛋白質食物豐富

食物種類少，吃膩了　　　垃圾食品禁吃

Dr.史考特1分鐘小叮嚀

不管各位想吃全素、嚮往地中海飲食的健康益處、還是有自己認同的
一套飲食哲學，都可以在飲食規劃時帶入多吃蛋白質、減少不同味覺
刺激、少吃垃圾食物這幾點，來得到更好的減重效果。

Dr.史考特1分鐘科學減重教室

生酮飲食好神？②

開始生酮飲食後，血脂竟狂飆！

在這篇文章中，我要分享自己做了八週生酮飲食的經驗、我的血脂肪指數如何變化，以及為何我不適合長期生酮。

生酮飲食是近來最熱門的減重飲食，許多臨床研究發現這種看似極端的飲食方法竟能使體重降低、改善代謝指標。

我對生酮飲食的立場不能被簡化為純粹的支持或反對，生酮是一種工具，在適合的情況下能幫助人們達成健康上的目標。但工具都有其優缺點，也有適合與不適合的使用時機。

生酮飲食吃出高血脂，為什麼？

生酮飲食者攝取的脂肪，常占總熱量的 70 ～ 80%，在如此高脂肪攝取下，血脂肪也有可能跟著產生劇烈變動。隨著科學證據的累積，我們現

在已經知道生酮飲食能降低三酸甘油酯（Triglyceride）、升高 HDL 高密度脂蛋白（High-density lipoprotein），這些都是「好的變化」，但血脂肪指數並不是只有三酸甘油酯與 HDL 而已。 LDL 低密度脂蛋白（Low-density lipoprotein）傳統上又被稱作是「壞的膽固醇」，在高脂飲食後可能會上升。如果飆升得太厲害，對心血管健康可是一大隱憂。

為了實際體驗生酮飲食的效果，我在兩個月間維持極高的脂肪攝取，並詳實記載各項身體指數變化。實驗前後，我發現體重與腰圍確實下降了，但低密度膽固醇從 96 上升到 149 mg/dL，其他的血液指標也產生了種種不良的變化。

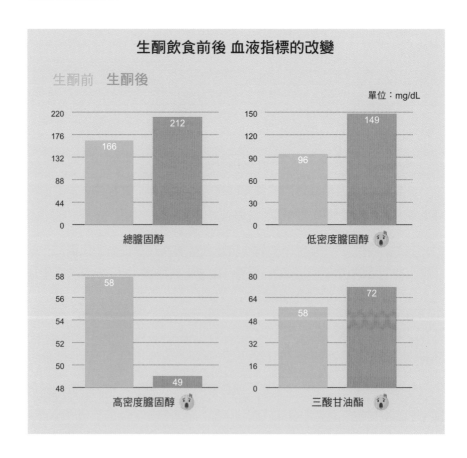

生酮飲食迫使人體燃燒大量脂肪酸，同時產生「酮體」（Ketone Body）供身體做為燃料。不巧的是，製造酮體的過程會產生名為 HMG-CoA 的分子，剛好也是合成膽固醇的原料。

許多厭食症患者、斷食者明明吃得很少，身材又纖細苗條，血中膽固醇反而意外地很高。這是因為他們的身體在製造酮體的過程中，也生產出很多膽固醇，這與生酮飲食者的代謝狀態有異曲同工之妙。而各種脂肪中，又以飽和脂肪酸對 LDL 的影響最為顯著，這也是為什麼動物性脂肪如豬油、奶油，被醫療專業人士視為洪水猛獸。

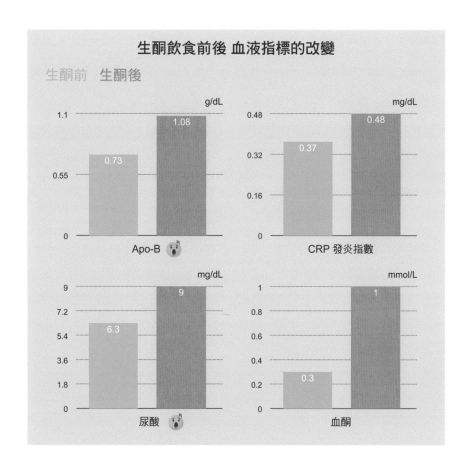

LDL 升高沒關係？拆解 3 大謬誤

生酮造成壞膽固醇飆高的現象並不罕見。但網路上竟有部分「鍵盤醫生」說：生酮後 LDL 增加是無害的，不須擔心。看到這樣的言論，我感到很憂心！

● 論點一：發炎才是心血管疾病的主要原因，膽固醇只是無辜的旁觀者。

➡ 錯誤！臨床上常看到「沒有」慢性發炎的患者罹患心血管疾病，膽固醇沉積才是心血管疾病的起因。慢性發炎確實是幫兇之一，但沒有膽固醇就沒有心血管疾病。

● 論點二：高脂飲食僅會增加大分子的 LDL，因此無害。

➡ 錯誤！研究顯示大分子與小分子的 LDL 皆會造成血管阻塞，粒子總數增加，風險就會提高。

● 論點三：過去的膽固醇研究是針對普通飲食者所做，不適用於生酮飲食族群。

➡ 沒有研究能證實，膽固醇數值到了生酮飲食者身上就變得「沒用」了，別用無根據的信念與自己的健康對賭。

根據科學研究與自身經驗，我強烈建議在生酮前後都要做血脂肪的監控，不要矇著眼睛在懸崖上行走。生酮飲食造成的血脂問題並不罕見，後果也並不輕微。如果不幸發現異狀，請務必儘速就醫，並依照醫囑停止或調整飲食、服用藥物、並定期追蹤。千萬不要把自己的健康賭在對生酮飲食的「信仰」上。

Dr.史考特1分鐘小叮嚀

許多人吃了生酮飲食後，健康獲得顯著改善。我就有一個好朋友，以生酮飲食減去了將近 20 公斤體重。他在我的建議下持續監控血脂肪，卻完全沒有發現異狀，他就是屬於適合生酮的幸運兒。但如果像我一樣，吃了生酮後血脂肪飆升，那還是換個飲食方法比較安全！

加工食品為何使人肥？

食物熱量相同的情況下，從天然原型食物改成吃加工食品，竟然會令人每天忍不住多吃下 500 大卡，這是怎麼一回事？

我從沒看過有人吃水煮馬鈴薯，會一口接一口吃到停不下來，但是我也從來沒看過有人可以吃馬鈴薯片只吃一片就住手的。某知名薯片品牌有一句廣告詞說：Betcha can't eat just one，用中文來說就是「我敢打賭你沒辦法只吃一片」。這就是超級加工食品的威力。

這邊我們先來釐清一下定義，「超級加工食品」通常是由五種以上廉價的工業食品原料調配而成，例如糖、植物油、鹽、抗氧化劑、穩定劑、保存劑。如果你在超商拿起一件食品，翻到背後看它的成分，發現怎麼是玉米糖漿、轉化糖漿、麥芽糊精、氫化植物油、酪蛋白，這些你家廚房裡不會有的原料，那這件商品應該就是超級加工食品了。

越吃越上癮！超級加工食品容易讓人吃更多

我在上一本書中大力提倡多吃原型食物，少碰超級加工食品，這樣吃可以幫助我們維持健康與體重。不過之前的觀念，大都是推導自觀察性研究及動物實驗等間接證據。直到最近，總算有學者真的拿加工食品「用力地」餵食人類，讓我們進一步體認到超級加工食品的威力有多大。

美國國家衛生研究院的學者招募 20 位年輕人，讓他們住進實驗室裡一個月。其中半個月，受試者被給予原型食物餐點，另外半個月則是超級加工食品。每一天他們的房間裡都會擺滿大量食物，即使是非用餐時間也有隨手可得的零食。他們被鼓勵餓了就吃，飽了就停，吃多吃少完全操之在己。

接下來，讓我們來欣賞一下衛生研究院廚師們的手藝吧，以下是一些原型食物的範例：

原型食物	
●早餐：希臘優格、各式水果、堅果。	
●午餐：雞胸肉沙拉、酒醋醬、切片蘋果、葡萄。	
●晚餐：烤牛肉、花椰菜、白米飯、小沙拉、橘子。	
●零食：各種水果、堅果。	

這些食物其實還蠻像我平常的吃法，只是最近比較少吃沙拉，我們家也很少吃白米飯，都吃糙米、地瓜、義大利麵或是馬鈴薯比較多。除此之外，餐點的風格還真的蠻像。

至於超級加工食品到底在吃什麼呢？大致是以下內容：

加工食物	
●早餐：瑪芬、牛奶配 Cheerio 早餐穀片。	
●午餐：牛肉番茄義大利餃、帕瑪森吐司、吐司、餅乾、低卡汽水。	
●晚餐：雞肉沙拉三明治、餅乾跟罐頭水果、低卡汽水。	
●零食：薯片、各種餅乾、花生粒。	

雖說原型與超級加工食品的內容相差甚多，但研究者把兩者的總熱量、三大營養素、糖、鹽、纖維質的量都調整到一樣。這件工作難度極高，研究能做到如此盡善盡美真是了不起。我猜應該是在加工食品裡面加了不少膳食纖維，原型食物則挑選了含糖高的水果。

吃半個月的原型與超級加工食品,到底會有什麼差別?

結果赫然發現,相較起原型食物,受試者吃超級加工食品時,每天平均多吃下 500 大卡熱量,下圖這兩條線顯示出兩組間的熱量差距。而這樣的吃法,也很快反映在體重上,吃原型食物者半個月瘦了一公斤,吃加工食品則是胖了一公斤。

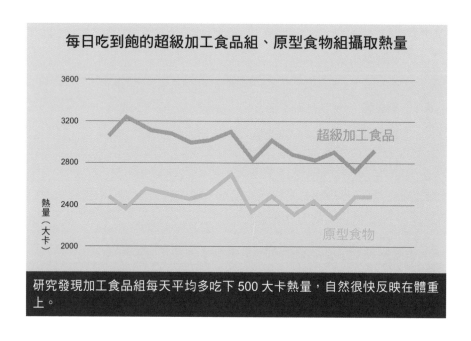

每日吃到飽的超級加工食品組、原型食物組攝取熱量

研究發現加工食品組每天平均多吃下 500 大卡熱量,自然很快反映在體重上。

這個研究結論非常明顯:**吃超級加工食品容易吃太多,而熱量過剩就會導致肥胖。**

吃完還想再吃！欺騙大腦的超級加工食品

原本我以為是食物體積的問題，或許沙拉很大份又低熱量，所以會讓人有飽足感又不容易吃太多。

但詳讀原文的研究方法後，我發現我錯了，研究者甚至連這點都考慮進去了，利用不知道什麼神奇的方法，讓兩種飲食的熱量密度，也就是每公克食物所含熱量非常接近，所以食物體積並不能解釋兩者間的差異。

我個人解讀是，超級加工食品設計的初衷，本來就是為了吸引人一吃再吃。

這些食品在賣場上不僅要與蔬菜、水果、蛋、肉、牛奶競爭，還要與同類型的薯片、汽水、蛋糕、餅乾競爭。在資本主義的自由市場上，贏家能獲得大筆利潤，而沒人喜歡的食品只能一路退居到賣場不顯眼的位置，從貨架上下架，甚至會影響公司的市佔率與股價。

所以食品公司的實驗室所研發出來的產品，都是經過技師們費盡苦心調配，並且通過無數試驗者評測、改良、甚至上市後重複做市場調查。

目的只有一個，就是要用最低成本的製程，去生產大量會讓消費者上癮、一吃再吃的超級加工食品。

研究發現，這些超級加工食品會引發大腦內多巴胺系統，刺激獎勵系統產生反應，讓人產生愉快的感覺，甚至有科學家把加工食品與吸毒、賭博拿來相比。

有些人失戀會狂吃冰淇淋來發洩，很可能就是因為這類食物，能夠影響大腦裡的神經傳導物質，讓人暫時忘卻現實的痛苦。

更可怕的是，研究者估計吃原型食物每週花費要 150 美金，但吃超級加工食品只需要 100 美金。這也能夠解釋，為何在許多國家，貧窮的人們往往也是最肥胖的一群。

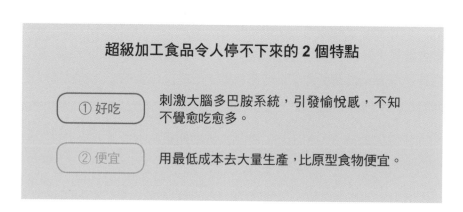

超級加工食品令人停不下來的 2 個特點

① 好吃　　刺激大腦多巴胺系統，引發愉悅感，不知不覺愈吃愈多。

② 便宜　　用最低成本去大量生產，比原型食物便宜。

Dr.史考特1分鐘小叮嚀

超級加工食品會讓人不自覺的吃下過多熱量，每兩週就會胖一公斤。想減肥的人，應該儘量多吃蔬菜、肉、水果、奶蛋、根莖全穀等原型食物。

改喝零卡汽水，
會為健康帶來危機？

不少人在減重時會選擇以零卡汽水替代含糖汽水，但其中的代糖向來是個充滿爭議性的話題，究竟我們可以喝，還是應該避開它？

最近我在新聞上看到一篇報導：愛喝汽水的民眾當心了！研究發現常喝汽水的人們死亡率顯著上升。特別偏好代糖汽水的，死亡率甚至會增加 26%！

汽水對健康不好，這點一般人都能理解。過量的糖會造成肥胖、脂肪肝、高血壓，近年來大眾對糖的警覺性越來越高，甚至有些國家正在研議對糖開徵「飲料稅」。可是代糖汽水完全無糖、熱量極低，為什麼也同樣會提高死亡率呢？難道說代糖有什麼獨特的毒性？

如果汽水真的那麼危險，為什麼沒有被禁止販售？為什麼消費者團體沒有像過去一樣，對速食龍頭、菸草業者一樣提起集體訴訟，要求這些公司對損害大眾健康負起賠償責任？

原來，事情比表面所見複雜許多。就讓我來帶各位「正確解讀」這篇健康新聞。

喝它會提升死亡率？代糖汽水研究的 5 個觀察

我搜尋到新聞所引述的原始研究，這是一篇來自歐洲的觀察性研究。學者追蹤 45 萬名歐洲人的健康狀況長達 16 年的時間，並將死亡與汽水飲用習慣做關聯性分析。結果發現一天喝兩杯有糖汽水，死亡率會增加 8%；如果喝的是代糖汽水，死亡率竟然會上升 26%。

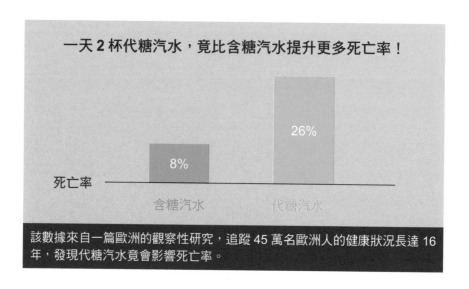

一天 2 杯代糖汽水，竟比含糖汽水提升更多死亡率！

該數據來自一篇歐洲的觀察性研究，追蹤 45 萬名歐洲人的健康狀況長達 16 年，發現代糖汽水竟會影響死亡率。

這麼聳動的發現，為什麼還沒有讓代糖汽水被禁賣？原來從科學的角度來看，這篇研究有許多可能的問題：

第一，關聯性不等於因果關係（又來了）。

觀察到喝汽水的人比較早死亡，未必能斷言說汽水是兇手。例如前面提到的，不吃早餐的人都比較胖，不代表不吃早餐讓人變胖。而是不吃早餐的人都有一些不良的生活習慣，例如睡眠少、外食多、壓力大等。

同樣的思路也能套用在汽水研究上，一天會喝到兩杯以上汽水的人，想必其他飲食習慣也不是太理想，一般外食汽水都是配著速食、餅乾、炸雞一起吃吧？問人愛不愛喝汽水，其實就等於問人重不重視飲食健康。我們該怪罪炸雞、漢堡、薯條，還是汽水才是兇手？實在難說。

第二，記憶不可靠。

這一類收錄數據龐大、追蹤超過十年的研究，基於可行性及經費考量，幾乎都是問卷型研究。在本篇提到的研究中，是以民眾自行填寫問卷或由研究助理訪問來登載飲食習慣。

請各位回想一下昨天早餐吃了什麼？能順利回想的讀者，我們再加碼挑戰一下，請說出上週一早餐的內容，這題有自信答對的人就少很多了吧？

過去研究顯示，受訪者的記憶不可靠，與實際飲食情況往往有很大出入，因此飲食問卷可信度是備受質疑的。

第三，回答有出入。

人在受訪時會傾向回答「迎合對方」的答案。這個情況醫護人員最常遇到，問病患有沒有運動的習慣，幾乎每一位都會回答「有」，詳細問下去，才會發現病患認為走去公車站就算「運動」。

在醫學生時代，有一位內科醫師教導我們：問病人有沒有抽菸時，如果病人說「沒有」，下一句一定要追問「是多久沒有抽了」。人人都想在他人心中留下良好印象，但這種心理防禦機制，會破壞問卷可信度。

第四，無法反映長期變化。

這篇研究只用一次性的調查來代表 16 年來的飲食習慣，是非常大膽的假設。舉個例子，請問各位上週有沒有運動？如果有的話，我就假設各位未來 16 年每天都會運動；沒有的人，我則假設永遠是沙發馬鈴薯。人的飲食跟運動習慣都是不斷變動的，只用一次的問卷來確立 16 年的生活習慣，實在太不嚴謹。

第五，因果錯置。

人們喝代糖或零卡汽水有許多理由，減肥是其中一項。原始研究發現常喝零卡汽水者的身體質量指數 BMI 值，比不喝者高出了 2，而體重過重本來就會有健康問題，所以喝代糖汽水的人死亡率比較高，可能是反映出體重的問題。

舉例來說，研究發現服用糖尿病藥物的人，腎臟功能比較差、洗腎的比例比較高。假設作者在文末下結論：「根據本篇的觀察，我們懷疑糖尿病藥物會傷害腎臟功能。」這篇文章即使能通過審稿這一關，刊出後也一定會被罵爆。

因為糖尿病控制不良、血糖高才是傷害腎臟的主因，醫師開藥是為了降低血糖。血糖是因、腎臟病是果，如果誤把糖尿病藥物當成是因，只怕會害許多病患不敢吃藥，反而更早進入洗腎階段。

代糖的負面報導那麼多，但汽水公司卻沒有將代糖商品下架，正是因為「還沒有」明確的證據顯示代糖有害。不然以這些公司的規模，法院判賠的金額不會是一兩億美金可以解決的。

隨著科學的進展，或許我們在未來會聽到更多代糖的壞處（或好處），但在此時，我尚未看到決定性的證據來證實代糖的危害。同時，我們已經非常肯定含糖汽水喝多會傷害健康。

基於上述幾點，我認為代糖汽水是相對安全的選擇，如果各位在路上看到我喝汽水，那肯定是代糖汽水。

Dr.史考特1分鐘小叮嚀

添加糖吃多會對人體造成危害，在醫學上已經是非常明確的事。至於熱量極低甚至無熱量的代糖，只要記得適量攝取、偶一為之，其實並不會有什麼大礙。

間歇性少食：
不傷代謝率的減重法

為何節食減肥一陣子後，總是面臨減重瓶頸？這是許多人經常碰到的問題。那麼，如果換成「長時間不吃、只在限制時間內進食」的飲食模式呢？

　　俗語說：「休息是為了走更長的路。」不管做哪一種工作，休息都是必要的。那麼減肥是不是也需要休息，才能走得長久呢？

　　本篇要來探討的間歇性少食研究，可謂是一篇指標性研究（Landmark study），因為它突破了減重醫學上一直無解的難題：只要體重下降，代謝率也會直線下墜。

節食減肥的致命缺點

　　節食減肥會有什麼問題嗎？我們先來看看身體每天要消耗的熱量有

哪些吧！包含以下四大項：

● **基礎代謝**：維持正常生理功能所需熱量。
● **食物產熱效應**：消化、處理食物養分所需的熱量。
● **非運動活動產熱**：每天走路上班、打電腦、提雜物、抖腳、咀嚼食物，一切非刻意運動的活動所耗費的能量。
● **運動活動產熱**：「運動」本身所耗費的熱量。

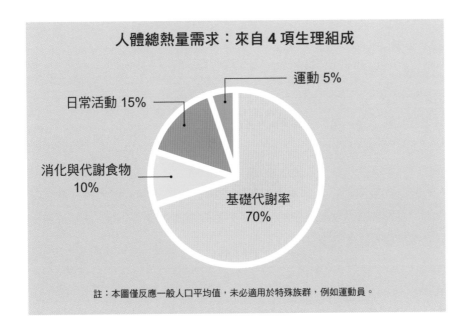

人體總熱量需求：來自 4 項生理組成

運動 5%
日常活動 15%
消化與代謝食物 10%
基礎代謝率 70%

註：本圖僅反應一般人口平均值，未必適用於特殊族群，例如運動員。

不幸的是，只要採用節食法減肥，以上四項都會往下跌，而非許多人所想的只有基礎代謝率會改變而已。

隨著熱量攝取減少（節食），熱量消耗也會跟著減少（代謝率下降），因此節食減肥不可避免地都會遇到停滯期。除非吃更少、運動更多，否則體重是不會繼續降低的。

人的意志力是有限的，有一派學者認為意志力是有限的資源，使用後會減少。舉例來說，曾有研究發現受試者進行耗費腦力的工作後，他們抗拒垃圾食物的能力會下降。長期下來，節食的痛苦終究會使人屈服，這也是為什麼減重的成功率低得驚人。

採取間歇性少食，代謝率不下降、復胖率低

既然節食會讓代謝率降低，那如果我們一下吃得很少，一下又吃得正常，等於「間歇性少食」來騙過身體，這樣能不能阻止代謝率下滑？一篇由澳洲學者 Byrne 等人發表在 2017 年《國際肥胖期刊（International Journal of Obesity）》上的論文表示，該研究招募 51 位 BMI 值超過 30 的肥胖男性，並隨機分配至節食與間歇性少食組，研究時間依組別分為 16 或 30 週不等，最終共有 36 人完成研究。

● 節食組：每天都僅攝取所需熱量的 66%，共維持 16 週的節食。

● 間歇少食組：進行八個兩週的節食週期，熱量限制一樣是所需熱量之 66%，差別在於八個兩週中間，夾了七個兩週的「維持」期，維持期內受試者攝取每日所需熱量的 100%。

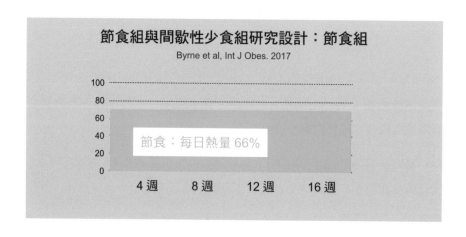

節食組與間歇性少食組研究設計：間歇性少食組
Byrne et al, Int J Obes. 2017

節食：每日熱量 66%
維持：每日熱量 100%

　　研究期間，受試者的餐點都來自中央廚房，並由營養師計算過是符合個人熱量需求的，且每週送至受試者家裡。這點大幅增加了本研究的可信度（還有研究耗費的成本 QQ）。

　　隨著體重下降，受試者的代謝率也會下降。不用擔心，學者每四週會以儀器測量一次，並修正受試者的餐點熱量。當節食組經過了 16 週，而間歇性少食組經過 30 週後，他們的體重與代謝率會發生什麼變化呢？

　　經過了減重期後，間歇性少食組減去了更多的體重。下圖為間歇性少食組 30 週期間內體重的變化，可以看到在兩週一次的節食期（藍色）體重大幅降低，但在維持期（橘色）裡幾乎維持穩定，這說明了研究者的實驗設計是成功的，受試者配合度也很好。減去了體脂肪，但兩組肌肉量流失都不算多，真是可喜可賀。

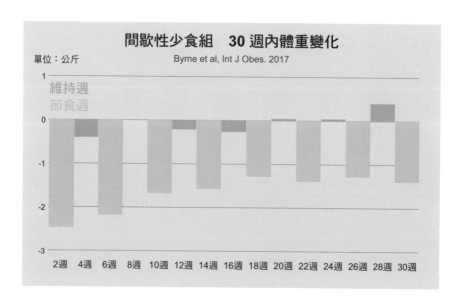

間歇性少食組　30 週內體重變化

單位：公斤　　　Byrne et al, Int J Obes. 2017

維持週
節食週

2週　4週　6週　8週　10週　12週　14週　16週　18週　20週　22週　24週　26週　28週　30週

　　在下方三組圖表中可見，節食組與間歇性少食組在實驗期間的減重成效、肌肉／脂肪量變化，以及基礎代謝率變化，大家可從這些圖表中得到一些訊息。

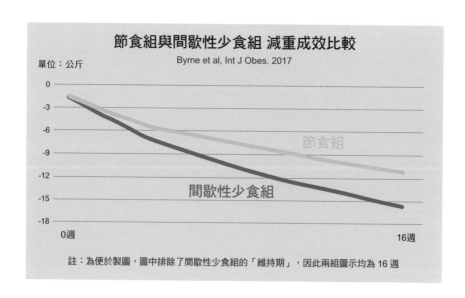

節食組與間歇性少食組 減重成效比較

單位：公斤　　　Byrne et al, Int J Obes. 2017

節食組

間歇性少食組

0週　　　　　　　　　　　　　　　　　　　　　　16週

註：為便於製圖，圖中排除了間歇性少食組的「維持期」，因此兩組圖示均為 16 週

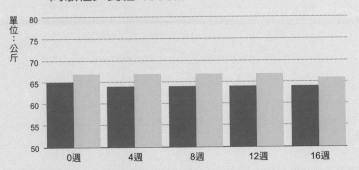

節食組與間歇性少食組 肌肉變化
Byrne et al, Int J Obes. 2017

間歇性少食組　節食組

單位：公斤

註：為便於製圖，圖中排除了間歇性少食組的「維持期」，因此兩組圖示均為 16 週

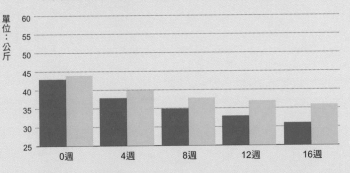

節食組與間歇性少食組 脂肪量變化
Byrne et al, Int J Obes. 2017

間歇性少食組　節食組

單位：公斤

註：為便於製圖，圖中排除了間歇性少食組的「維持期」，因此兩組圖示均為 16 週

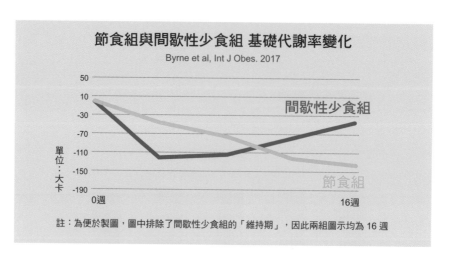

節食組與間歇性少食組 基礎代謝率變化
Byrne et al, Int J Obes. 2017

單位：大卡

間歇性少食組

節食組

0週　　16週

註：為便於製圖，圖中排除了間歇性少食組的「維持期」，因此兩組圖示均為 16 週

最後是本篇最重大的發現：間歇性少食竟然能保護代謝率不下降。可能是因為代謝率上的顯著差異，在研究終止六個月後，節食組的體重差不多已經回到原點，但間歇性少食組仍維持住近 10 公斤的減重成效。

考慮到他們在研究結束後並不需要遵守任何的飲食規則，這個成果可說是極好！

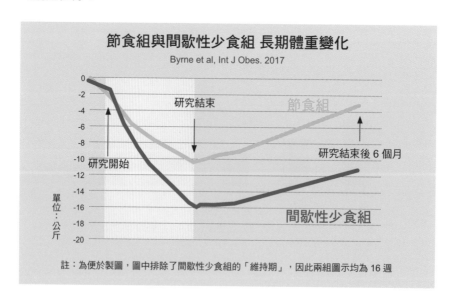

節食組與間歇性少食組 長期體重變化
Byrne et al, Int J Obes. 2017

研究結束

節食組

研究開始

研究結束後 6 個月

單位：公斤

間歇性少食組

註：為便於製圖，圖中排除了間歇性少食組的「維持期」，因此兩組圖示均為 16 週

人的意志力有限，也難怪能維持瘦身成果的人這麼少

BMI 超過 30 的男性
一年內有 1/12 能成功減掉體重的 5%

但僅有 1/5 能維持成果

斷食後再復食，更能享瘦久久

節食減肥造成代謝率下降，一直是醫學無法克服的障礙。還記得「超級減肥王」的故事嗎？美國的實境節目讓重度肥胖的參賽者減去了 100 公斤以上的脂肪，但他們的基礎代謝率也下降超過 700 大卡！不意外地，幾乎所有減重「成功」的參賽者六年後都復胖了。

而上述研究在節食中插入一段一段的「休息期」，不但讓受試者維持肌肉、減去近 1.5 倍的脂肪量，而且相較傳統節食法，代謝率僅下降一半不到。我不敢說減重的聖杯已找到，但這肯定是肥胖研究的指標性發現，可以預期未來類似的研究只會越來越多。

目前還沒有人知道間歇性少食法為何有用，該篇研究的作者群推測，人體代謝約需兩週時間才能調整成「低熱量輸出模式」。如果我們在身體適應前就把熱量拉回來，說不定能「躲過」身體的法眼而持續減脂。至於

實際的作用機轉是什麼，尚須進一步的生理、內分泌、甚至分子生物研究來解答。

過去我提的間歇性斷食法大多著重於一天，乃至於一週內的熱量分佈。例如 16:8 斷食法是跳過早餐，將每日熱量壓縮在 8 小時內攝取；或者像 Eat stop eat 法，每週選一至兩天 24 小時完全斷食，其他日子則不限制熱量攝取。本文所提到的研究是在兩週內每天都吃很少（66% 所需熱量），兩週後又吃回正常量（100% 所需熱量），不像斷食法所強調的，只要忍 16 或 24 小時不吃，其他時間怎麼吃隨便你。因此，比較恰當的描述是「間歇性少食法」才對。

健美選手在準備比賽期間會大幅調降熱量攝取，降低體脂以顯現出苦練許久的肌肉，在長達三個月甚至更久的備賽期裡，有些人會設定偶爾一次的「作弊日」（Cheat day），在這些日子裡他們想吃多少就吃多少。這樣的做法據信能騙過身體，使代謝率回升，並讓選手釋放訓練與節食的壓力。

如今，這樣的作法似乎得到了科學證實。如果目的是在短期內減去大量脂肪，那麼不管是用間歇性斷食法、地中海飲食、低脂飲食、還是低碳水化合物飲食，週期性「解放一下」，讓熱量攝取回到正常（但不可過多），能讓未來的減脂路更好走。至於要節食多久？解放多久？目前的科學告訴我們：兩週是合理的出發點。

Dr.史考特1分鐘小叮嚀

節食減重的過程中，週期性地調高熱量攝取，不但減脂效果更好，還能保護代謝率不致過度下降，並減少復胖的機率。或許，休息真能讓人走更長的路。

最想懂的間歇性斷食②

Dr.史考特1分鐘科學減重教室

長時間不吃東西，真的安全嗎？

與過去激烈、極端的節食減肥不同，斷食成為近年來非常夯的減重法，而它確實也有成效，但這種方法並不適合所有人，必須依照個別狀況來判斷喔！

　　在台灣，一天三餐才是常態，老一輩見面總是要問：「你吃飽了沒？」用餐不規律或是少吃一餐，在傳統觀念裡是不健康的。所以像間歇性斷食法一餐不吃或甚至一整天不吃，真的好嗎？斷食法安全嗎？又有哪些人不適合斷食法？

　　先講結論，對於 18 ～ 65 歲間沒有疾病或特殊身體狀況的朋友來說，24 小時以內的斷食是安全的。不管是為了減去多餘的腰圍，還是為了改善血壓、血糖、血脂等代謝問題，不吃早餐或偶爾一整天都不吃，基本上不用擔心身體會出狀況。

間歇性斷食法的成效與風險

讓我們從一篇 2019 年發表在《細胞代謝（Cell Metabolism）》期刊上的論文來看看！該研究招募體重正常的 30 位健康人，讓他們一天吃飯，隔天一整天不吃。在不吃的斷食日中，參加者可以喝水、喝茶、喝咖啡，但不能喝任何含有熱量的飲料（喜歡喝拿鐵的朋友，不好意思囉）。

而正常吃飯日是不做任何飲食控管的，想吃多少就吃多少。這樣過了一個月，參加者並沒有發生任何不良的身體反應，而且他們的腹部脂肪減少，心血管危險因子及發炎指數都降低，健康得到了改善。

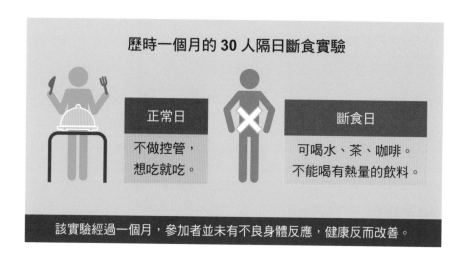

截至目前為止的研究顯示，24 小時以內的斷食，即使做到一天吃、一天不吃這麼「高強度」，也尚未發現對身體有負面影響。所以我才敢說，如果你想要每天不吃早餐（16:8 斷食），或是一週選一兩天一整天不吃東西（24 小時斷食），發生問題的機會不大。

BUT！人生最厲害的就是這個 BUT！有些族群是不適合斷食的，尤

其是占了台灣總人口 10% 的糖尿病患。糖尿病友如果斷食又施打胰島素，或是服用磺醯基尿素類（Sulfonylurea）的藥物，很有可能產生低血糖，這是非常危險的！

至於無糖尿病的普通人，實在不需要擔心低血糖問題，就算血糖真的低，也頂多是心悸、手抖、肚子餓，找點東西吃就沒事。但糖尿病患的低血糖是致命的問題，我第一天當住院醫師就遇過這樣的案例：60 多歲的女性糖尿病患因為腸胃不適，晚餐沒吃幾口，卻因為不知道要減少胰島素的劑量，推估在凌晨發生低血糖而昏迷，但直到白天家人才發現怎麼叫不醒。送醫後雖然立刻替她補充靜脈葡萄糖，但因為神經缺乏葡萄糖的時間太長，最後造成腦部功能不可逆的損害。

我可以斷食嗎？這些族群勿輕易嘗試

糖尿病患們除非有醫師／營養師的指導，不然請勿自行嘗試斷食。再來，孕婦、哺乳中婦女、兒童也不適合斷食，小朋友的身體，或是孕婦肚子裡的小寶寶正在發育，需要每日三餐穩定的養分供應。

最後，有各式各樣傷病，不管是感冒發燒、外傷骨折，或是心血管疾病、癌症等，也是不宜貿然嘗試斷食的族群。第一個理由是，目前還沒有針對這些族群做過斷食研究，安全性沒人能保證。第二個理由是，斷食本身就是一種壓力，不要讓斷食變成壓垮駱駝的最後一根稻草。

壓力未必是壞事，殺不死我的東西使我更強壯，適度的壓力能讓人成長，所以儘管大家很討厭運動、考試、死線，但是這些東西讓我們在一次次磨練中成長茁壯。斷食也是一種壓力，許多動物研究發現，斷食會挑戰身體的代謝系統，增進細胞的抗壓、抗病能力，所以健康人做斷食可以讓身體更強韌。但是正在對抗細菌、癌症的病人，已經焦頭爛額了，這時還斷食給身體更多壓力，可能會適得其反。

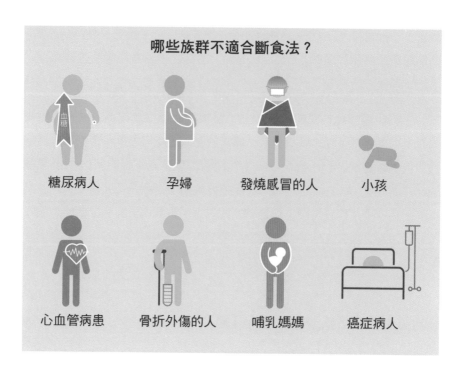

哪些族群不適合斷食法？

糖尿病人	孕婦	發燒感冒的人	小孩
心血管病患	骨折外傷的人	哺乳媽媽	癌症病人

其實，近幾年有許多科學家在研究斷食對各種疾病的療效，甚至初步數據顯示斷食可以加強癌症化療、放療的效果。但在更多研究出爐前，我想生病的人還是保守一點，乖乖吃三餐吧！

Dr.史考特1分鐘小叮嚀

健康的成年人請放心做 24 小時以內的斷食，基本上是安全的。但糖尿病患、孕婦、孩童，以及各種疾病的患者，除非有專業人士的指導，否則不建議自行嘗試斷食法。

Dr.史考特1分鐘科學減重教室

最想懂的間歇性斷食③

用它來減肥，
會連肌肉也減掉嗎？

一週三次的 24 小時斷食，當然不是理想的增肌飲食，但間歇性斷食法形式多種，難道都會讓人流失掉肌肉嗎？可不能概括而論喔！

　　斷食法是近來火紅的飲食法之一，其優勢在於方便、易懂、沒有模糊空間。「從今天開始不吃早餐」、「週三跟週六整天只吃晚餐」，這樣簡單的兩句話，就可以完整解釋 16:8 斷食法與一週兩次 24 小時斷食法的執行要點，大概沒有比這更好懂的飲食法了。

　　但有一好沒兩好，斷食法一直備受質疑是否會影響肌肉生長，甚至使肌肉流失？在本篇文章裡，我想來為斷食法做幾點澄清：為什麼我敢推薦間歇性斷食法？不吃東西難道不會造成肌肉流失嗎？

人體面對飢餓的應變手段

要回答「斷食會不會流失肌肉」這個問題，我們必須先瞭解兩件事情：

1·肌肉對人類生存至關重要，我們的祖先在野外採集、打獵都靠它。沒有肌肉，就沒有食物。

2·正因為肌肉是生存所必須，禁食中的人體會儘可能地保護肌肉不流失。

我們曾在我的上一本書《Dr. 史考特的一分鐘健瘦身教室》的〈不吃碳水化合物，就會增脂減肌？〉一文中介紹過，人體面對熱量短缺時（見下圖），初期會消耗肝醣來應付熱量短缺，在肝醣存量差不多用完後，會轉為燃燒酮體、脂肪酸及糖質新生作為主要能量來源。這樣聰明的設計，讓人類免去了「棄肌保腦」的尷尬局面。在脂肪組織耗盡前，身體會儘量不去動用寶貴的肌肉，不然哪有力氣在險惡的環境求生呢？

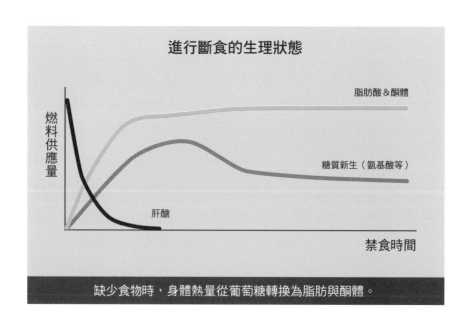

缺少食物時，身體熱量從葡萄糖轉換為脂肪與酮體。

舉個例子：假設我居住在寒冷的北方，為了度過寒冬，我為自己打造一棟堅固的木造房屋。屋子裡家具（肌肉）應有盡有，布置得相當舒適，倉庫還堆滿了木柴（脂肪），做為火爐的燃料。結果這年冬天特別寒冷，我窩在沙發上冷到發抖到受不了，撿了一把斧頭，就把沙發劈了丟進火爐裡燒。

What?? 這樣不是很蠢嗎？倉庫裡明明就堆滿了燃料（脂肪），為什麼要把有重要用途的沙發（肌肉）先拿去燒了？天擇與我都沒有那麼笨的（吧）！！

禁食人體實驗：減肥肉不減肌肉

在天擇演化的觀點上，身體有充分的理由不去動用肌肉做為燃料。那麼在現實世界中，有沒有科學研究能佐證呢？2010 年發表在《肥胖（Obesity）》期刊上的文章，或許能替我們解答。學者 Bhutani 招募了16 位肥胖成年人進行 8 週的斷食治療，他們所採用的「隔日斷食法」方法如下：

● **斷食日**：每日所需的 25% 熱量，在中午 12 點到下午 2 點間攝取，其他時間禁止攝食。
● **正常日**：隨心所欲地進食，何時吃、吃什麼，完全自由。

換句話說，在禁食日受試者要忍受極低熱量飲食，並統一在固定時間內進食完畢。

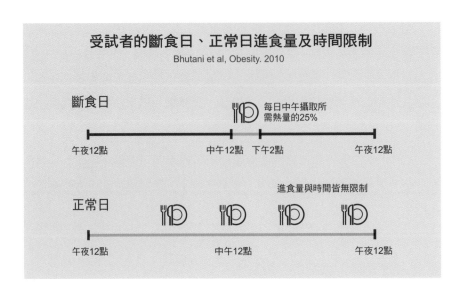

受試者的斷食日、正常日進食量及時間限制
Bhutani et al, Obesity. 2010

斷食日　每日中午攝取所需熱量的25%
午夜12點　中午12點　下午2點　午夜12點

正常日　進食量與時間皆無限制
午夜12點　中午12點　午夜12點

　　八週後 Bhutani 以電阻式體脂計測量受試者的身體組成，結果發現他們平均減去了 5.4 公斤的脂肪，但肌肉量完全沒有減少（甚至微幅上升）。減去 5.4 公斤的純肥肉，卻不用犧牲一絲一毫肌肉，這是多麼夢幻的童話故事阿！

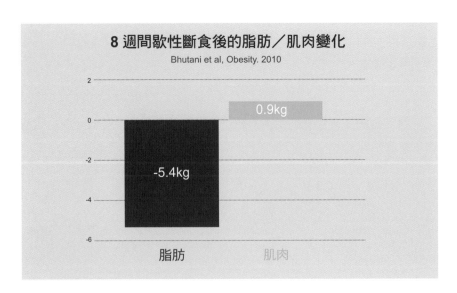

8 週間歇性斷食後的脂肪／肌肉變化
Bhutani et al, Obesity. 2010

0.9kg
-5.4kg
脂肪　肌肉

除此之外，受試者的腰圍、三酸甘油酯、低密度脂蛋白（壞膽固醇）皆顯著下降，這意味著他們心血管疾病風險獲得改善。

一樣都是少吃，間歇性斷食能保住肌肉

雖然上面的研究看來很吸引人，但這是特例非通則。

為了避免減重時肌肉流失，我還是會建議以間歇性斷食法減重的朋友，做任何形式的肌力訓練，不管是健身房器材、TRX、家裡用啞鈴深蹲，甚至到公園吊單槓、做伏地挺身都很好。時至 2020 年，共有八篇研究以重量／肌力訓練搭配間歇性斷食，其中大多數受試者的肌肉量都無顯著下滑，甚至有一篇讓人同時增肌又減脂。

許多間歇性斷食法招致的批評都是因為目標不明確，間歇性斷食法本來就是一個體脂肪的「減法」，不是可以增肌的「加法」。

對一個追求最多肌肉量、不限體重量級的運動員來說，舉起最大重量是他的唯一目標。什麼腹肌、線條、血脂肪對他來說一點意義也沒有，那麼間歇性斷食對他來說有幫助嗎？當然沒有！但對於一個想要同時保持高肌肉量與低體脂的健美運動員（或任何人）來說，間歇性斷食法有沒有它的角色意義？我相信是有的。

在對的情況選擇對的工具，就能事半功倍。在不適合的情況下選擇不恰當的工具，卻去怪罪工具不好用，這誤會可就大了。

Dr.史考特1分鐘小叮嚀

斷食法是減去體脂、改善健康的好工具，在搭配重量訓練與充足蛋白質之下，斷食法並不會造成肌肉流失，甚至可以增肌又減脂！

16：8斷食法，
肌肉量是否會下滑？

前面提到幾篇間歇性斷食法與肌肉流失的相關研究，但若是換成每天進行 16 小時的斷食，會不會妨礙增肌呢？就讓我們一起來看看。

間歇性斷食法有許多形式，有的提倡每天 16 小時不吃，有的認為一週 1～2 次 24 小時斷食法更好。我個人是長期執行 16:8 斷食法不吃早餐，長期下來的結果讓我相當滿意。但是肌肉量的損失，也是我心底深處的隱憂。

我剛開始健身時，效法的對象就是 1990～2000 年代的健美先生。我看過好幾支健美紀錄片，體型是常人兩倍的壯漢一天帶 5～8 個裝了食物的保鮮盒在身上，每兩三個小時就拿一個出來吃。他們說源源不絕的蛋白質供應，才能讓肌肉持續生長。一個人如果執行 16:8 斷食法，一天就有 2/3 時間都沒進食，那豈不是對肌肉的生長很不利嗎？也難怪健身界對斷食法還是抱持著一個半信半疑的態度。

不減肌肉，還有可能會持續變壯！？

　　還好著名的《美國臨床營養學期刊（American Journal of Clinical Nutrition）》在 2019 年發表了一篇斷食研究，增加了我對 16:8 斷食的信心。這篇研究找來 40 位重量訓練經驗 5 年、每週平均練 3 天的女生來分為三組。

● 控制組：一天三餐。
● 斷食組：每天 12:00 ～ 20:00 間進食，其他時間斷食但能喝水。
● HMB 組：與斷食組雷同，並每天服 3 公克 HMB。

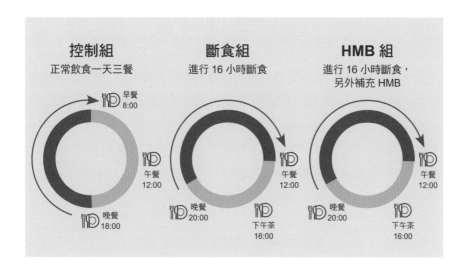

　　HMB 是白胺酸（Leucine）的代謝物，給斷食者服用是為了達到研究期防止肌肉分解的效果。研究共持續八週，期間受試者每週訓練三天，並且以乳清蛋白將蛋白質攝取衝高到每公斤體重 1.6 公克。所以這是一個重訓、高蛋白、搭配 16:8 斷食法的研究，非常吻合健身族群（以及我）的特徵。

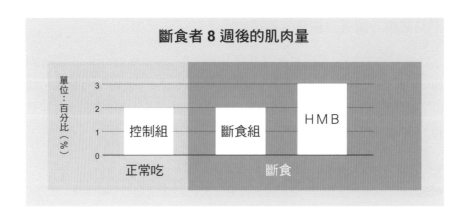

斷食者 8 週後的肌肉量

單位：百分比（％）

控制組　　斷食組　　HMB

正常吃　　　　斷食

　　所以，16:8 斷食法會不會掉肌肉呢？三組的肌肉量增長相去不大，一天三餐的控制組並沒有占多少優勢。真的要說起來，HMB 組是三組中長最多肌肉的，不過這並沒有達到統計上的差距（在誤差範圍內）。

　　接下來讓我們看看脂肪量的變化，控制組稍微增加了 2% 左右的體脂肪，但斷食組跟 HMB 組分別減去了 2%、4% 不等的脂肪量。因為這篇研究最後僅有 24 名受試者的數據，統計的檢定力低，所以脂肪的變化一樣沒有達到統計上的差異。但如果這些數據的趨勢為真，斷食法不但不會掉肌肉，還可以跟一般飲食一樣持續變壯！這點與我的個人經驗是相符的。

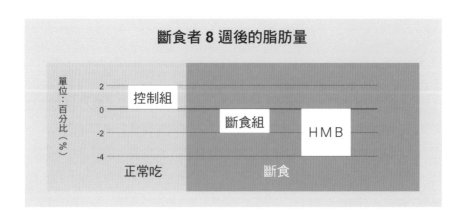

斷食者 8 週後的脂肪量

單位：百分比（％）

控制組　　斷食組　　HMB

正常吃　　　　斷食

正在重訓中的人，適合 16:8 斷食法嗎？

如同前文所提，這不是第一篇對重訓族群做的斷食研究，2016 年《轉譯醫學期刊（Journal of Translational Medicine）》上就有發表過類似的論文，同樣是找有訓練經驗的男性，結果斷食組與一般飲食的增肌成果類似，但斷食組減去的脂肪比較多。

就現有證據看來，重訓者採取 16:8 斷食法，應該是不會錯過增肌的機會。但我不確定的是，如果斷食期間拉長，例如 24、36 甚至 72 小時不吃東西，即使搭配重訓，是否依然能夠維持住肌肉量？或者已經練很久，全身上下壯到離譜，肌肉量已經接近遺傳天花板的男女。這些人只要身體有些風吹草動，肌肉量就會往下掉，他們是否也適合 16:8 斷食？目前我還沒有答案。

Dr.史考特1分鐘小叮嚀

重訓愛好者如果想少一點脂肪、多一點健康，又希望持續增肌，那麼 16:8 斷食法是一個可考慮的選項。

執行斷食法，
有點餓是好事？

初次進行斷食的人，一定容易肚子餓，但人體有很強的適應力，只要堅持下去，大部分的人都能持續運用 16:8 斷食法成功甩肉。

<hr />

近幾年我針對斷食法做過不少探討，在唸過了許多科學與通俗的文章後，我發現斷食法與運動訓練有許多相似處。

想要好身材與健康，輕鬆的運動是不夠的。一直以來，我都不喜歡批評特定的運動法。因為我相信只要有運動都比沒運動好，對一般人而言，願意運動已經是一件不容易的事情，去打擊這個良善的意願，不會讓世界變得更好。

但我們還是面對現實吧！老年人想預防衰弱，在公園甩甩手、掛在單槓上拉筋是沒用的；年輕人想要好身材，舉舉 600cc 寶特瓶、去遛狗散步是不夠的；肌肉是個懶惰蟲，不用大重量將它逼到極限，讓它「體認」到自己的不足，肌肉是不會生長的。

擁抱些許不適感，有助減重

運動強度都很重要，但是高強度訓練引起的身體不適常讓許多人因此卻步。

我第一次用史密斯機深蹲的時候，印象非常深刻：兩邊不過掛上 15 公斤的槓片，蹲完第一組起來時眼冒金星、噁心感湧上喉嚨，差點就要嘔吐；蹲第二組、第三組時感覺自己都要往生了；隔天起床感覺身體像被卡車輾過一般，因為雙腿痠痛，上下樓梯都要抓緊扶手，只差沒有拄拐杖。有時想，人們願意主動擁抱這樣的痛苦，也算是自然界的奇觀！

我不認為運動是越痛苦越好，但不痠、不喘、不流汗的運動肯定是不夠的。減脂飲食與運動有許多相似之處，但鮮少有人用一樣的角度去看待兩者。

舉例來說，剛開始進行 16:8 斷食法身體還不適應，有些人早上上班覺得肚子餓、沒精神，就會開始懷疑自己是不是做錯了，為何要如此自虐。如果身旁的親友再煽風點火一下：「大家都說早餐是一天中最重要的一餐，沒吃早餐反而會胖啦！」或是「沒吃飯低血糖了吧，就跟你說減重不能靠斷食了！」我想再堅定的人也會忍不住猶疑的。

如果去健身房訓練完隔天全身痠痛，媽媽跟你說：「我那天在健康節目上看專家說，劇烈運動很傷身體，看你現在走路這怪樣子，還不信邪？」我想各位讀者一定白眼翻到後腦勺。

這輩子第一次健身的人，一定會肌肉痠痛；第一次斷食的人，一定會肚子餓。但人體有很強的適應力，只要堅持下去，大部分的人都可以規律重量訓練，也都能持續 16:8 斷食。

請別誤會，我不是要各位無視身體發出的訊息，完全忽略飢餓與疼痛，會讓飲食、訓練很難維持，也都有可能造成身體傷害。但一點痠痛都

不能接受，一點肚子餓都不能忍，是無法得到健康與身材的。

3 個關鍵小技巧，斷食減肥更有成效

對於想進行減脂的朋友，我建議：

第一，初嘗試斷食法從比較溫和的 16:8 開始。

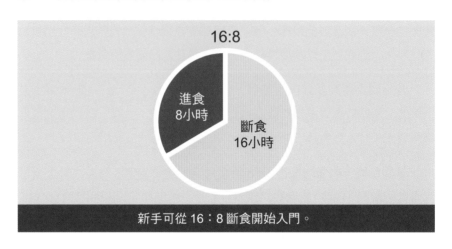

新手可從 16：8 斷食開始入門。

就像我們不會第一次健身就挑戰超大重量一樣，斷食也該從新手村出發，不要越級打怪，讓身體有慢慢適應的機會。

第二，飲食以原型食物為主。

許多人以為斷食法完全不用控管飲食，可以在進食時間內盡情吃任何食物，這是個誤會。雖然不用計算熱量是斷食法的優勢之一，我還是建議在正餐多吃蔬菜、水果、蛋奶魚肉、五穀雜糧等原型食物。

如同前文提到的，原型食物營養價值高、飽足感又好，一樣的熱量比起吃餅乾、薯片等加工食品更不容易餓。進食時間吃高品質食物，才不會在斷食期間餓到受不了。

攝取同樣熱量，原型食物是首選。

第三，有任何問題，請諮詢專業人士。

如果飲食控制讓你感到異常地不適，例如暈眩、無力、女性生理期變化，請暫停飲食控制，諮詢營養師、醫師再決定下一步怎麼做。

運動與飲食控制很類似，都會帶來一定程度的不適。能忍受甚至愛上這些不適的人，就能得到人人稱羨的身材與健康。訓練時過度的疼痛、減

若不舒服請諮詢專業人士

脂時過度的飢餓都不是好事，但一點點的痠痛都不能忍，肚子一餓就去找東西吃，恐怕永遠也無法達成體態與健康的目標。

Dr.史考特1分鐘快速總結

因為已經長時間沒吃了，所以恢復進食後就可以隨心所欲地吃，或者肚子一感到餓就想找點食物充飢，小心這些想法都會破壞你的減重大計！不只是良藥苦口，運動與斷食也會造成不適。但人體有強大的適應能力，只要撐過初期的痠痛與飢餓，往後的路會好走很多！

給身體餵糖，
是更有能量還是更疲勞？

人體需要碳水化合物也需要糖，但假使想藉著它們改善情緒、消除
疲勞，可能會大失所望了！效果可不像你想像中的那樣好喔！

　　糖是小分子的碳水化合物，非常容易被身體消化吸收，是一種快
速的熱量來源。英文裡有個說法叫"Sugar Rush"，意思是吃完糖之後
短時間內會精神亢奮。台灣雖然沒有一樣的說法，但運動到一半頭暈，
教練會問你是不是低血糖？早上上班沒精神，同事會問你是不是沒吃
早餐？

　　似乎不同文化，都認為吃糖或碳水有提振精神的作用。吃糖能解
疲勞嗎？讓我們用科學的方法來回答這個問題。

研究說：甜食無法提振精神

　　一篇 2019 年發表於《神經學與生物行為評論（Neuroscience &
Biobehavioral Reviews）》的分析，統整了 31 篇研究共 1200 多位受試
者的數據，發現吃下碳水化合物或糖，對於精神、情緒的提升一點幫
助也沒有。反而在吃完碳水的一個小時內，人們的警覺程度更差、主
觀感覺更疲勞。作者給這篇文章下了個俏皮的標題 "Sugar rush or sugar

crash?"，中文翻起來是「吃糖會亢奮還是癱軟？」依照研究的發現，答案明顯是後者。

暫時撇開科學不談，我一直覺得吃澱粉會亢奮是很反直覺的。每次中午吃了一盤義大利麵或是咖哩飯，下午上班就會好想睡覺，根本無法集中注意力。反而在進行 16:8 斷食法不吃早餐之後，中午之前都不會肚子餓，大腦續航力也比較強。有時在意外或盛情難卻之下，早上吃了麵包，到了 10 ～ 11 點肚子總是準時開始餓，腦袋也不如平時清醒。

我個人猜測，現代人喜歡在咖啡、茶飲、碳酸飲料中加入糖，或者以餅乾、糖果、蛋糕搭配上述飲品。所以每次吃到糖，都也一起攝取了些咖啡因。而咖啡因才是精神亢奮的推手，糖只是剛好搭上了順風車，所以 "Sugar rush" 才成為了跨文化的「常識」。

過多糖與醣，可能換來昏沉無力和肥胖

這個最新科學發現，可以如何運用到日常生活中呢？

第一，別把糖當成興奮劑。

雖然糖與碳水化合物是快速好吸收的能量，但如果每次上班沒精神、運動沒力氣就要吃一點糖或澱粉的話，不但體重難控制，更要小心越吃精神越差。

第二，妥善安排工作時間。

如果你吃完中飯總是昏昏欲睡，就避免在午餐後安排需要專注力的工作吧！尤其是不要在午餐後開會，那真是最沒效率的安排。

我早上喜歡喝一杯黑咖啡後，趁著腦袋清楚開始閱讀或寫作。中午吃完飯後，專注力沒那麼好，就陪陪小孩或看一些輕鬆的東西。我也常將斷食安排在忙碌的日子，或是把中午的澱粉減少，也是一些增進工作效率的方法。

Dr.史考特1分鐘小叮嚀

還在依賴手邊的甜食和添加了糖的飲料來緩解疲勞嗎？想讓精神變得更好，並且能有效管控體重，建議還是快快放下這些食品！

把白麵包換成穀物麵包，竟有助消耗熱量！

我們吃下肚的食物，原來也能幫助消耗熱量？沒錯！而且，如果想增加身體分解食物所消耗的熱量，你就應該多吃粗糙、未精製食物。

我在書中、影片裡講過很多加工食品的壞話，例如加工食品會讓人一吃再吃停不下來、加工食品飽足感比較差，很容易吃過量而不自知。本篇再加碼一則新知：加工食物好消化吸收，所以讓人更肥胖。

在進入主題前，我們先來補充一點背景知識，談談這個名詞：「食物產熱效應」。

食物加工程度越高，身體吸收的熱量越多

我們吃下肚的食物，其實要支付一定比例的熱量給消化、分解、吸收等工作。就像車子開上國道要支付過路費一樣，食物經過腸道也要繳交通行費，拿去做為消化吸收的熱量，就是食物產熱效應。

食物產熱效應越高，實際能利用的熱量就越少，也就比較不容易發胖。而加工食物都是以純化精製的原料來製作，理論上消化起來比較省力，那是否也會影響食物產熱效應呢？

2010 年美國學者 Barr 等人做了以下實驗：一群受試者輪流吃兩種起司三明治，第一種的麵包是以純正全麥麵粉與穀粒烘焙的，沉甸甸的非常扎實，咬起來也很費勁，與大家吃習慣台灣麵包店那種鬆軟的口感很不一樣。搭配的切達起司也是以傳統工法製成，原料只有牛奶、酵母、鹽。

第二種三明治的麵包是用添加營養素的白麵粉做的，原料還包括玉米糖漿、麩質蛋白、大豆卵磷脂等成分。搭配的則是在超市可以買到一片片以塑膠薄膜分開的那種加工美式起司，主要成分依然是牛奶，但同時添加了許多精製原料，例如乳脂肪、乳清蛋白、食用色素，而我就是吃這種起司長大的。

吃完兩種不同三明治之後，學者持續測量受試者的代謝率，赫然發現吃第一種原型食物三明治的，代謝率提升得比較高，而且這個差距維持到餐後第六小時。

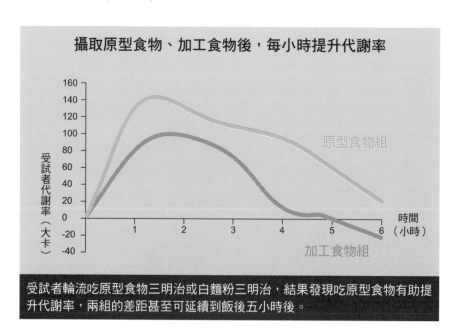

受試者輪流吃原型食物三明治或白麵粉三明治，結果發現吃原型食物有助提升代謝率，兩組的差距甚至可延續到飯後五小時後。

整體來說，食物產熱效應讓原型食物組（第一種三明治）消耗了137大卡，但加工食物組（第二種三明治）僅消耗73大卡，吃一樣大小、一樣熱量的三明治，食物產熱效應卻差快一倍，真的不能小看加工食品的威力呀！

大小相同、熱量一致	食物產熱效應	結論
原型食物	-137 大卡	原型食物多消耗了快一倍的熱量。
加工食物	-73 大卡	

　　平心而論，我們現在吃到的食物沒有不經加工的，就算買一包雞胸肉，那也是廠商幫你屠宰、清洗、切片、包裝、冷藏後的結果，沒有一種食物能宣稱完全零加工。加工食物僅能從程度上去比較：全穀麵包相對於白麵包的加工程度低；傳統切達比加工起司的加工程度低；糙米飯比白米飯的加工程度低；烤玉米比玉米濃湯的加工程度低。挑選加工程度低的食物，其實也能在不知不覺之間讓你多消耗掉一些熱量。最後，學者還請受試者打分數，比較對兩種三明治的喜好。結果第一種三明治得到 6.5 分，第二種僅得到 4.9 分。可見得健康的食物未必難吃，美味跟體重未必只能二選一。

Dr.史考特1分鐘小叮嚀

食物越是精製，消化起來就越容易，吸收的熱量也越高！當「來包洋芋片」、「吃塊蛋糕餅乾」的念頭再次升起時，別忘了這點。

破解茹素的力量 ①

Dr.史考特1分鐘科學減重教室

精壯肌肉男，
都靠吃素練出來！？

近年來，吃素風潮越來越盛行，有人認為素食對健康和運動表現有益處，就肌力表現而言，吃素比吃肉還要好，你也是這樣想的嗎？

《茹素的力量》是一支飲食紀錄片（英文原名 "The Game Changer"），於 2018 年在 Netflix 上映。導演在片中探討了吃素的各種好處：包括增進健康、增肌減脂，甚至許多運動員在吃素後，獲得了更好的體能。

這支影片非常火紅，我先是在社群媒體上被國外健身圈洗版一次，過了數個月之後變成好多臉書朋友在討論，許多人因此開始吃素，並分享素食後的身體變化。

這一系列「破解文」是針對《茹素的力量》所做的批判，在開始前先強調，我不反對吃素。全素飲食就跟其他飲食一樣，有優點也有缺點。素食者只要注意蛋白質攝取足夠，適量補充維生素 B_{12}、Omega-3 脂肪酸，

並且遠離高糖、高油、低纖維的加工精製食物，吃素也能又壯又健康。

強大的古羅馬戰士，其實都是胖子！

　　飲食對我來說就像是螺絲起子、錘子一樣的工具，在適合的情境下選擇相對應的工具，就能順利把事情做好。如果對一把工具產生了情感上的依戀，甚至願意無視它的所有壞處，就好像用螺絲起子來釘釘子一樣，最後工作做不好，又弄得滿手是傷。

　　《茹素的力量》一片或許本意相當良善，但許多段落以科學為號召，來包裝許多虛假的宣稱，讓我認為有必要來深入探討。不僅導正大眾視聽，也可以作為批判思考的學習機會。希望讓各位未來遇到錯誤知識時，能輕鬆地破解，而不被誤導。

　　影片用一個有趣的主題開場：古羅馬的神鬼戰士。神鬼戰士是羅馬的奴隸、戰俘們，被丟進競技場互相殘殺，甚至有時候與猛獸搏鬥，以娛樂嗜血的觀眾。

　　《茹素的力量》提到，科學家分析這些戰士們骨骸的化學元素，發現他們的飲食以素食為主體，例如大麥、小麥、豆類、燕麥、水果。所以想跟電影裡驍勇善戰的戰士一樣嗎？吃素就對了！

　　可是，我去找到了影片中引用的考古文獻，細讀之下發現一件被刻意忽略不提的事實：神鬼戰士都是胖子。我猜各位讀者現在心裡正 OS：「胖子上場不是一下就領便當了嗎？史考特真愛瞎掰。」

　　原來，神鬼戰士不是一戰定生死的職業，他們跟現代的拳擊、格鬥運動員一樣，要重複上場參賽的。這就是遠古時代的一種職業運動，有教練、有球隊老闆、有贊助商。如果一位戰士只要輸了就得喪命，那麼球隊老闆培訓的成本將大為提升，明星戰士的職業生涯不確定性也大幅增加，

這都是不利商業經營的。

即使在競技場裡輸了戰鬥，只要觀眾覺得戰士表現可嘉，很有拼戰精神，其實是可以活著退場的。甚至根據考古研究，在羅馬的「帝國時期」，所有打輸的戰士都能全身而退。為了增加存活機會、不受重傷，並延長職業生涯，除了穿戴盔甲之外，增加體脂肪也是一個好方法。

根據影片引述的研究，神鬼戰士都是胖子，如此一來被刀劍砍到的時候能夠緩衝，避免傷及神經、血管等重要構造。雖然表面看起來有流血，戲劇效果十足，但下場之後包紮一下，休養一個月又能重新再戰。《300壯士：斯巴達的逆襲》電影裡，那些希臘戰士體脂極低、六塊腹肌分明，很可能只是電影所營造出來的戲劇效果。在戰場上，低體脂反而是一個風險。

神鬼戰士確實是以植物為主食，但這不代表他們完全沒吃肉，他們更不是精實的運動員，反而肚子上有一圈一圈的脂肪。《茹素的力量》以神鬼戰士來宣揚素食的好處，雖然渲染力十足，但這是選擇性地揭露事實，只知其一不知其二。

增加肌肉質量，該選動物性蛋白還是植物性蛋白？

導演接著將時間拉回到現代，找來幾位吃全素，但還是練得非常強壯的運動員來證明素食的好處。吃素也可以練得很好，這點我其實是同意的。再次強調，我並不是為了批評素食本身才寫這幾篇文章，我是希望糾正影片裡錯誤的論述。為了避免落入各說各話的處境，讓我們來回顧幾篇科學文獻，客觀比較動物性蛋白跟植物性蛋白對於增加肌肉量的效益。

1999 年《美國臨床營養學期刊（American Journal of Clinical Nutrition）》登載了一篇研究，讓 19 位中老年男性一半吃正常飲食，另

一半吃奶蛋素，同時做重量訓練。為期 12 週的研究結束後，吃正常飲食者的肌力、肌肉量皆有進步，可是奶蛋素者的肌肉量不但沒上升，反而還微微地往下掉。

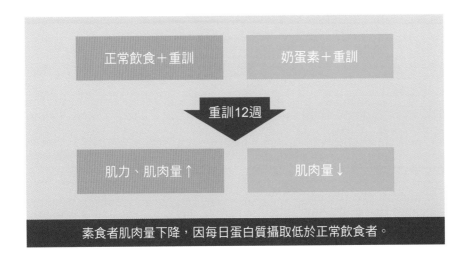

素食者肌肉量下降，因每日蛋白質攝取低於正常飲食者。

　　這是因為，素食者每天平均的蛋白質攝取是 71 公克，低於正常飲食者的每天 91 公克。蛋白質攝取的差距造成素食者的增肌效果不佳。這也反映出，即使是奶蛋素者，要攝取足夠蛋白質都是一件困難的事，更何況是全素飲食呢？

　　另一篇 2007 年發表於同一篇期刊的研究，比較牛奶蛋白與大豆蛋白的增肌效果。56 位年輕人一樣做 12 週的重量訓練，並且補充相同熱量與蛋白質量相同的脫脂牛奶或大豆蛋白飲。結果喝牛奶的人們肌肉量增長 6.2%，贏過喝大豆蛋白飲的 4.4%。而且牛奶組減去了 5.5% 脂肪，大豆蛋白組只減去了 1.5%。

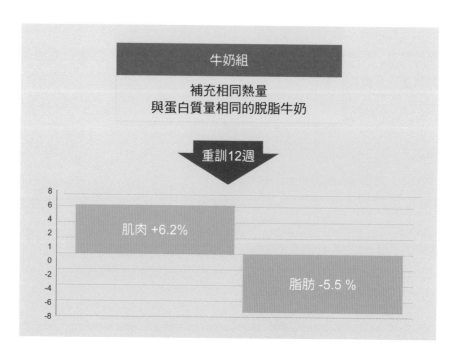

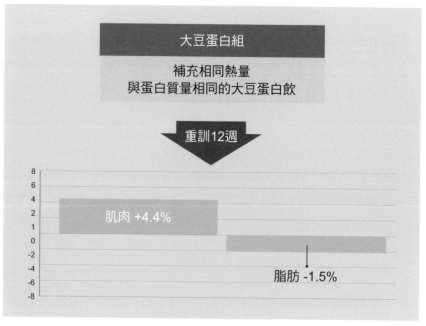

　　為什麼一篇篇研究都告訴我們，動物性蛋白的增肌效果比較好呢？原來，攝取蛋白質不僅量重要，質也很重要。動物性蛋白如牛奶、蛋、肉類裡面的白胺酸（Leucine）比較多，而白胺酸是支鏈氨基酸（BCAA）的一種，也是肌肉增長所必須的成分。下面表格可以看到，動物性蛋白質的白胺酸及支鏈氨基酸含量，明顯優於大豆與大麥等植物性來源。也難怪阿諾在 2013 年的電影《鋼鐵墳墓》裡對席維斯．史特龍說：「你揮拳像個素食者一樣（ "You hit like a vegetarian"）。」

● 常見食物的蛋白質品質（含量高→低）

	白胺酸含量	支鏈氨基酸含量
分離乳清蛋白	14%	26%
牛奶蛋白	10%	21%
雞蛋蛋白	8.5%	20%
瘦肉蛋白	8%	18%
大豆蛋白	8%	18%
小麥蛋白	7%	15%

　　我也要承認，吃素食還是有可能練得壯的。例如 YouTube 上身材精壯的舉重網紅 Clarence Kennedy（見下方 QRcode），他肌肉線條扎實，體重 100 公斤可以硬舉 340 公斤，而且據稱從未使用體能增強藥物，他就是一個全素主義者。

舉重網紅 Clarence Kennedy
實際硬舉影片

增肌變壯！3 個素食者必知的飲食訣竅

但是，吃素食比較難攝取到足夠蛋白質，植物性蛋白質品質又差了一截，素食者要練得壯，一定得做到以下幾件事情：

1. 吃大量的食物：同單位重的植物性食物蛋白質含量少，必須吃更多，才能攝取到一樣量的蛋白質。

2. 吃不同種類的植物蛋白：單種植物性蛋白質常缺乏特定必需氨基酸，需攝取多種植物性食物，才能補足各種氨基酸需求。

3. 使用營養補充品。

例如，在紀錄片中反覆出現的全素大力士 Patrik Baboumian，在他自己的 YouTube 頻道中有拍影片紀錄一天的生活。可以看到他非常注重營養補充，將各種的蛋白粉、營養補充品加入果汁機中攪拌，並一口氣就喝下了 80 公克蛋白質。只可惜茹素的力量，只著重在他吃全素的這點上，有意無意地省略掉他家裡一罐罐的蛋白粉。

全素大力士 Patrik Baboumian
的一日生活

讓我們回頭看看上述比較牛奶與大豆蛋白的研究，文獻中的一張圖表顯示，三組人接受一樣的重量訓練後，各自有不一樣的進步幅度。（見下頁圖）但平均來看，牛奶蛋白組進步幅度大，所以我才有信心說：對大部分人，牛奶是比較好的蛋白質來源。

如果我想刻意扭曲研究結論，我可以這麼做：忽略整個族群的平均，去大豆蛋白組裡挑一個進步最多的人，與牛奶蛋白組中進步最少的人，請他們肩並肩站出來，然後告訴大眾：「看吧，吃植物性蛋白才練得壯！」

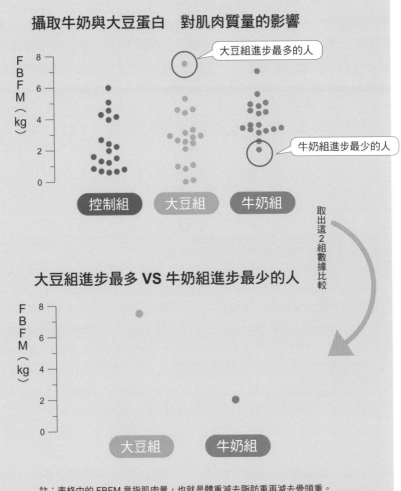

攝取牛奶與大豆蛋白　對肌肉質量的影響

大豆組進步最多的人

牛奶組進步最少的人

控制組　　大豆組　　牛奶組

取出這2組數據比較

大豆組進步最多 VS 牛奶組進步最少的人

大豆組　　　　牛奶組

註：表格中的 FBFM 意指肌肉量，也就是體重減去脂肪重再減去骨頭重。

針對 2007 年比較「牛奶蛋白」與「大豆蛋白」增肌效果的這篇研究，上圖反映出不同組別受測者的整體變化，可看到攝取「牛奶蛋白」這組的肌肉質量增加普遍較另外兩組好。但如果刻意把「大豆蛋白組」進步最多的人，和「牛奶蛋白組」進步最少的人揪出來相比，意義就變得不一樣囉！

《茹素的力量》裡面舉一堆素食運動員為例，想要「證明」素食對運動表現的好處，這犯了一個邏輯上的錯誤。有一個吃素的人，訓練成果優於吃肉的人，並不能證明吃素比較好。我們需要大量受試者數據，並且以嚴謹的方法控制各種變因，才能獲得貼近現實的結論，這就是科學家每天在做的事情。

　　瞭解了這點，我希望各位以後也能像科學家一樣思考，而不被偏頗的宣傳誤導。

Dr.史考特1分鐘小叮嚀

茹素的人要練出肌肉、維持肌力並非做不到，但由於蛋白質含量與質量上的差異，茹素者在飲食上必須比葷食者更注意營養攝取的細節，才能攝取到同等量的蛋白質。

吃素，真能讓人更健康？

不少人常把「吃素」和「健康」聯想在一起，若為了追求健康而改吃素食，是否可以就此高枕無憂？這個觀念有待釐清。

多吃蔬菜水果對健康有益，是過去幾十年來科學研究的共識，這點幾乎沒有人會反對。但「只吃植物性食物」比較健康，這個論述就充滿爭議了。

《茹素的力量》片中提到，大量的科學證據顯示肉食與所有文明世界的疾病相關。不吃肉，才是健康的飲食。可是片中所謂的「科學證據」，幾乎都是觀察性研究。簡單來說，就是以飲食問卷的方式，大規模調查人們是吃肉還是吃素，10年後再「觀察看看」你是不是還活著？活著的話，健康狀況是否還安好？

彼此有相關，不代表互為因果

　　這樣的觀察性研究並不適合來推論因與果，也就是我在文章與影片中反覆提到的「關聯性不等於因果關係」。我們舉兩個有趣的例子來討論：

　　1. 研究發現濕冷天氣時，關節炎患者會覺得膝蓋又痠又痛。但這並不代表濕冷天氣會加重關節炎，或許是濕冷氣候讓人減少外出，活動量不夠才覺得膝蓋卡卡？亦或是濕冷天氣通常伴隨氣壓改變，重點不是濕度與溫度，而是壓力變化？

　　2. 在街頭訪問民眾，發現有高血壓的人有很高比例在服用高血壓藥。這個「觀察」結果並不代表出吃高血壓藥會導致高血壓，或許是因為有高血壓的人服藥是為了控制血壓？（廢話）

　　總之，觀察 A 與 B 事件一起出現，未必代表 A 造成 B，也有可能是 B 造成 A（因果倒置），或甚至是 C 事件同時促成 A 與 B 的發生（混擾因子）。讓我們照樣造句，假設吃素的人比較健康，未必代表吃素讓人健康。也有可能是重視健康的人比較常吃素，或是高社經高教育水準的人能得到較好的健康照護，同時又比較常吃素。

素食者比較健康，不能完全歸因於飲食

　　本篇文章就是要討論這個觀察性研究的問題：「健康使用者效應」。現在請各位讀者閉上眼，想像我們現在到了美國加州的舊金山，走進一間以全素食為號召的餐廳，各位覺得裡面的人會長什麼樣子？

　　可能都是又帥又美，身材穠纖合度，大學畢業的菁英？或是年薪 20 萬美元的蘋果、Google 工程師？手裡拿著公平交易有機咖啡隨行杯，身上穿的是一件 100 美元的設計師白 T-shirt，等一下相約要去做空中瑜伽、海灘慢跑，還有幾個要到健康診所做排毒淨化療程。

在歐美國家,人們吃素的原因大多是健康、保護環境、動物福祉,會有這些觀念的人,無論教育、經濟水平通常都高於平均。換句話說,會在飲食問卷上回答「我是素食者」的,大多比較重視自己健康,能獲得的醫療資源也更好。

《茹素的力量》說,研究發現素食者比較健康,但這是因為他們吃素嗎?會不會是素食者比較常運動、不抽菸不喝酒、又常去診所做排毒療程?(最後一句是反諷)還是因為他們的收入較高,負擔得起健檢或醫療費用?

吃素與各種重視健康的行為緊密相關,導致飲食問卷研究很難分辨健康效益的來源,這就是所謂的「健康使用者效應」。

選對食物 × 正確烹調,無論葷素都能變健康

還好,這個問題在台灣比較小。台灣吃素的民眾大多是為了宗教信仰,而非健康因素。一位信佛吃素的阿姨,與他吃葷的鄰居比起來,生活型態不至於有太大差異,所以在台灣做素食者的研究,比較不會受健康使用者效應影響。

2011 年的大林慈濟醫院就做了研究,比較吃素與一般飲食(有吃肉)者的血液指標,驚訝地發現吃素者的發炎指數、三酸甘油酯比較高,好的高密度膽固醇比較低。雖然素食不是在所有項目都輸給一般飲食,但這篇研究明顯指出,素食未必比較健康!

慈濟學者在文中提到,台灣的素食者常吃素肉、素火腿這類加工食品,且經常以高溫酥炸的方式烹調,新鮮的蔬菜水果反而吃不多,這些飲食上不利的因素可能造成身體慢性發炎,也難怪結果發炎指數反而比吃葷的人高。

所以，吃素未必就是健康，吃肉未必就是傷身。食物的種類才是最重要的！不管各位吃素還是吃葷，儘可能選擇原型低度加工食物，例如新鮮的蔬菜、水果、五穀雜糧、海鮮、肉類，豆類、雞蛋及乳製品，並以中低溫的方式烹煮，離健康飲食就不遠了。

Dr.史考特1分鐘小叮嚀

多吃蔬菜水果對健康一定有幫助，這不代表吃肉對健康就有害，吃蔬菜與吃肉不應該是二分法，兩者都是健康飲食的一部分。

破解茹素的力量③

致癌、發炎，
肉食有這麼毒？

每一種食物各有優點，沒有絕對的好壞！這篇除了要帶大家更清楚認識研究可能會有的謬誤，也要提供幾個肉食健康吃的小撇步。

《茹素的力量》中提到，肉類裡有氧化三甲胺（TMAO）、多環胺類（Heterocyclic amines）、血基質鐵（Heme iron）、N-羥基乙醯神經胺酸（Neu5gc）、內毒素（endotoxins）、糖化終產物（AGEs）這些讓人聽不懂，但又好像很可怕的致癌物質。同時舉出一篇 1998 年的觀察性研究「證明」吃肉會得大腸癌，所以人們應該吃素。

科學界目前的共識是，培根、香腸這一類加工肉品會致癌，這點已經是肯定的，我無法為美味的伊比利火腿辯護。但吃肉到底多危險？是否有美味跟健康兼顧的方法？以下是我的深入分析。

破解迷思！文獻的判讀與推論

上述提到 1998 年的研究，是來自美國加州羅馬琳達大學追蹤調查三萬多人的健康情形，發現每週只要吃肉一次以上，比起吃素者，六年間的癌症風險會暴增 1.85 倍。聽起來很嚇人吧？如果每週吃一次肉就會提高 1.85 倍癌症風險，那每天吃肉的人豈不是都要嗚呼哀哉了？

不過，前面提到的「健康使用者效應」，似乎也嚴重影響這篇研究的數據，深入研讀文獻中的表格，會發現素食者不僅抽菸、喝酒比例低，體重也比較標準。在這三萬人中，吃素者與吃肉者根本是健康意識最好與最差的兩群人。因此我們很難確定到底是吃肉這件事，還是抽菸喝酒，才是造成癌症發生的兇手。

就算研究者嘗試用統計工具「校正」吃肉以外的因子，但考慮到人類複雜且難以量化的生活型態，例如睡眠、運動、環境污染、社交、心理壓力等，實在很難將癌症風險完全歸咎於吃肉。這個問題在研究方法學中有個專有名詞，叫「殘餘混雜（Residual Confounding）」。

再來，風險的描述有兩種方法：絕對風險及相對風險。我以原始文獻中的數字，去粗略計算出吃肉與吃素者癌症的絕對風險，發現在六年間吃素者的癌症發生率是 0.38%，吃肉者則是 0.54%。換句話說，如果這篇研究的結論屬實，每週吃肉一次以上，會讓你的六年癌症風險上升千分之一點六。這個數字，聽起來就不如 1.85 倍來得可怕了吧？

如果台灣彩券公司發行兩種彩券，第一種的中獎率是十萬分之一，第二種是十萬分之二。雖然買第二種的中獎機率會高兩倍，聽起來好像好棒棒，但不管買哪一種，彩迷發大財的機率都是非常低的，這就是絕對風險與相對風險間的差別。

吃多會致癌？把握 3 原則降風險

趨吉避凶是人之常情，再小的風險也是風險。就算只有千分之一，我想各位讀者還是會希望盡力去避免吧？想要兼顧美味與健康嗎？以下是是幾個研究證實，能降低肉類致癌風險的好方法：

第一，避免高溫烹調。

高溫烘烤炸時，肉類會產生異環胺（HCAs），這是一個已知的致癌物。溫度越高、時間越久，就會產生越多異環胺。不要讓肉類直接接觸火焰、用低溫烘烤、用鋁箔紙包覆，或是把肉切得小塊一點，如此一來不用加熱太久就能熟透，這些都是減少致癌物質的小撇步。

第二，先醃再料理。

在烹煮前用醋、檸檬、啤酒醃製肉類，都被研究證實能大幅降低異環胺的產生。使用新鮮或是粉狀的洋蔥、迷迭香、蒜頭也有類似的效果。有趣的是，使用含糖的烤肉醬調味，反而會增加異環胺。

第三，搭配大量蔬果。

蔬果中的抗氧化物有很好的保護作用，能降低異環胺的作用。許多人烤肉喜歡在竹籤上以青椒、洋蔥搭配烤肉，這是非常有智慧的作法。我建議各位讀者加碼：每吃一塊肉要配著吃下兩塊的蔬果，防癌效果更好。

別只看有利證據！當心可能誤導人的「選擇性呈現」

《茹素的力量》犯的另一個毛病，在英文裡叫 "Cherry picking"，中文直翻是「摘櫻桃」，但這句話與櫻桃本人完全無關。Cherry picking 是指陳述事實的時候，只挑對自己有利的部分講，與自己意見衝突的部分就當作沒看到。這部影片把自己包裝成一個追求真相、引用科學實證的紀

錄片，但在背後摘了很多顆櫻桃。片中提到一篇研究，發現吃一個漢堡就會增加發炎達 70% 之多，吃肉真的有那麼嚴重嗎？我來帶各位導讀一下。

這是一篇發表於 2013 年《食物與功能（Food & Function）》期刊上的文獻，研究是讓 11 個人分別吃下牛肉漢堡及酪梨牛肉漢堡之後，做連續 6 個小時的抽血檢測。如下圖所示，吃漢堡與酪梨漢堡者的發炎指數 IL-6，在第一、第二、第三、第五、第六個小時都沒有差距，但漢堡組在第四個小時突然衝高，比酪梨漢堡多出了 70%。

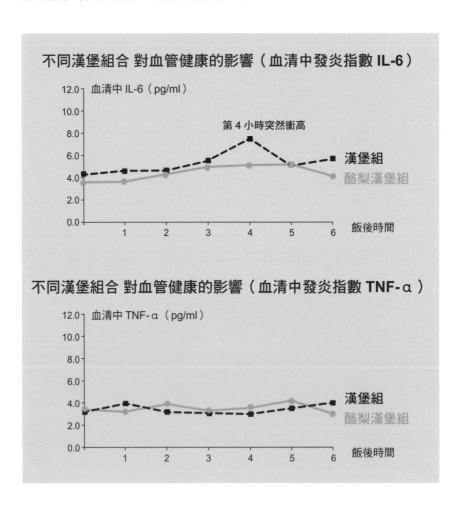

不同漢堡組合 對血管健康的影響（血清中發炎指數 IL-6）

血清中 IL-6（pg/ml）

第 4 小時突然衝高

漢堡組
酪梨漢堡組

飯後時間

不同漢堡組合 對血管健康的影響（血清中發炎指數 TNF-α）

血清中 TNF-α（pg/ml）

漢堡組
酪梨漢堡組

飯後時間

為什麼 IL-6 會突然上升？是記錄錯誤還是測驗工具誤差？沒關係，別管那麼多了，反正這符合吃肉不健康的主軸，可以拿來作為影片題材使用。所以各位就在《茹素的力量》裡看到，吃肉會造成發炎反應高出70%。我當初還不太敢相信影片的製作不嚴謹到這種地步，重複檢查了幾次，才確定我沒有誤會，真的是太離譜了（怒吼）。

這就是典型的「摘櫻桃」，導演刻意忽略 1、2、3、5、6 這幾個小時的數字，只挑有利自己論點的第四個小時講。更糟的是，大家從前一頁下方圖表也可以看到，研究檢測的另一個發炎指數 TNF-α，在漢堡與酪梨漢堡組間是沒有差別的，吃酪梨到底有沒有抗發炎的效果？其實還很難說。

《茹素的力量》還提到，肉品公司會提供資金贊助科學研究，所以現在很多研究都不可信。那各位猜猜看，這篇酪梨漢堡研究的贊助者是誰？沒錯，就是賣酪梨的公司，又是一顆大櫻桃。

這部影片為了打擊素食以外的飲食型態，用不完整、偏頗的方式來報導飲食科學，甚至可以說是用恐懼行銷，來嘗試影響大眾的飲食方式，實質上就是恐怖份子的作為。看完我的分析，希望各位讀者也能替自己裝上批判思考的雷達，未來看到錯誤即便無法當場拆穿，也至少能保持懷疑的態度，不被有心人輕易誤導。

Dr.史考特1分鐘小叮嚀

我對多吃蔬菜水果是舉雙手贊成的（吃櫻桃就好，不要摘），這不僅能防癌、抗發炎，更有數不清的健康益處。如果所有人每天都多吃一點蔬果，我很肯定我們會有一個更健康的社會。

PART 03

增肌健身變壯，
最新研究怎麼說？

用想的就能變瘦嗎？減重一定要吃到基礎代謝率？坊間常聽說的那
些關於健瘦身該怎麼吃的事，史考特用科學研究分析給你聽！

Dr. Scott

為何喝符水能治頭痛？
科學好重要！

人們的認知常受盲點與偏見影響而不自知，讓我們以喝符水的小史為例，一起認識各種認知偏誤吧

在醫療這行服務時間一久，什麼奇奇怪怪的事都會遇到。

曾有患者信誓旦旦地告訴我，家人發生小中風後，趕緊去某座山上給一位師傅放血，結果恢復得很好，完全沒有後遺症。也曾有年長的朋友分享，說他四處求診都看不好的頭痛，是去廟裡面求了符水來喝才治好的。

在醫療科技發達的現代，為什麼仍有不少人相信放血、喝符水這種另類療法？這是因為人的認知，非常容易受到影響、操弄而與現實脫節，而這些現象在科學上都曾被詳細地觀察研究。這篇文章將會探討人類認知的種種「盲點」，為了讓抽象觀念變得具體，我們就拿深受頭痛所苦的小史為例。

無效也能變有效！原來是心理學效應作祟

小史有偏頭痛的老毛病，每次發作都會讓他無法專注工作，情緒

也變得不穩易怒。但小史有個奇怪的堅持，他不願去醫院看病，每次發作就到廟裡喝符水。身邊親友偶爾會規勸他幾句，但小史就是不肯循正常管道就醫，而且對符水的效果深信不疑。為什麼喝符水對小史有效？以下是一些心理學的解釋：

1. 確認偏誤（Confirmation bias）

確認偏誤是指人們選擇性地回憶、蒐集符合心裡想法的資訊，忽略衝突與矛盾的事實，來佐證自己的想法。

病患如果相信一個治療有效，往往會將治療後任何好的變化歸功於該治療，而忽略不符這個想法的徵兆。小史原本頭痛的時候都會感到頭暈目眩，嚴重時甚至走路會搖搖晃晃，喝完符水雖然頭痛完全沒有減緩，但頭暈的發作頻率有減少。小史心想：「這間廟的符水真神，我頭完全不暈了！」完全忘記了自己是為了頭痛才去喝符水的。

確認偏誤是極為常見的心理學效應，而且幾乎沒有人能逃出它的魔掌（沒錯，包括史考特在內）。

「愛情是盲目的」、「愛到卡慘死」就是在描述確認偏誤對心理的影響，熱戀中的男女只看得到情人的優點，其他問題通通視而不見。反倒是冷靜理性的旁觀者，能一眼看出這對情侶將要撞上的冰山，但旁人的「冷言冷語」往往不會被當一回事。

少了確認偏誤的幫忙，閃婚、私奔這種事大概會變得非常罕見，而世界上的文學作品想必會乏味許多。

2. 回歸平均（Regression to the mean）

自然界的現象往往有起有伏，今年如果降雨量比較少，明年通常就會下多一些雨；去年的經濟成長率不佳，今年就可以期待 GDP 逆勢

成長。當然在全球暖化、以及國家經濟趨勢的影響下，降雨量與經濟成長率可能年年上漲或下修，但長期來說我們能畫出一條平均趨勢線，而每年的表現會在平均線的上下移動。

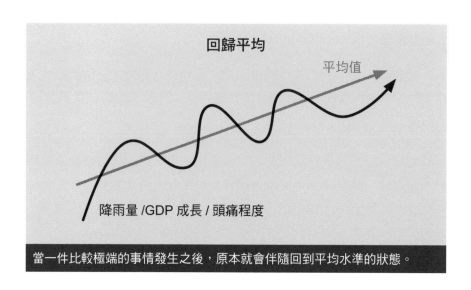

當一件比較極端的事情發生之後，原本就會伴隨回到平均水準的狀態。

人的疾病症狀也有類似表現，小史如果週一頭痛很嚴重，週二通常會比較好一點。除非病況變化，否則症狀會在一個平均值上下移動。小史週一頭痛到受不了，下班去求了符水來喝，結果週二頭痛改善了，真的是符水的功勞嗎？那可未必！就算小史什麼也不做，症狀也會因為回歸平均而自己變好。

3. 因果錯置（Misattributing Causation）

人的心理很特別，常將兩件不相干的事情放在一起，並給它們加上因果關係。

「買的股票漲了，一定是因為我上個月有一天吃素。」

「發票中了 200 元，一定是因為我在心裡默念發大財！」

「喝了符水之後頭痛變好了，一定是符水超有效！」

頭痛與喝符水根本是兩件不相干的事，但只要喝符水之後任何一刻頭痛有變好，小史的心理機轉就會讓他把這兩件事情連在一起。

4. 風險合理化（Risk justification）

人常會先做決定，再替這個決定找理由。人們常替他人的行為安上莫須有的動機，甚至為自己過去的言行編造出完全虛假的藉口。別否認了，我們都是「理由哥」、「藉口姐」。

小史頭痛都不去看醫生，因此與家人常起衝突。媽媽唸他，質疑廟公怎麼可能比醫生會治病？以下是小史潛意識與自己的對話：

「符水應該有用吧？其實我也沒 100% 把握……」

「已經喝了那麼久，現在去看醫生豈不是自打臉？」

「我是一個理性的人，我不會做自打臉的事，所以喝符水一定是對的！媽媽才是錯的！」

沒有人不認為自己是理性正確的那方，而這個「自己是對的」的念頭，往往會壓過追求真相的慾望。因此我們會千方百計地合理化自己的行為，即使與現實不符也無所謂。頭痛喝符水在現代社會被視為是一種高風險行為，因此小史會盡可能表現出符水真的有效，才能合理化風險，滿足「自己是理性正確一方」的慾望。

5. 心理暗示（Suggestibility）

人的心理很容易被環境、他人給予的線索影響。曾有科學家在電影院的影帶中插入極為短暫的「喝可樂」圖文，這個一閃而過的圖文短暫到無法被觀眾有意識地察覺，但可樂銷量竟然因此增加50%之多！

暗示的威力無所不在，而且早就被人們廣泛運用。許多商界人士喜歡戴名錶、開名車，是希望在客戶潛意識裡植入「這人事業做很大」的想法。之後互動可能比較順暢，自己說的話可信度也隨之增加。（不過這招太多人用，有點被「玩爛了」）

　　政治人物更是精於此道，曾看過一部好萊塢電影，其中的公關專家建議總統候選人故意穿著磨損的舊皮鞋，來營造親民、簡樸的形象。雖然電影與現實常有出入，但近幾年的政治環境讓我猜測，現實政治圈的公關只會做得更多、更徹底。

　　廟公見到小史就說：「你這個面相百年難得一見，將來一定會發大財。而且你步伐扎實、筋膜通暢、底氣十足，頭痛這個小問題，喝一點符水打通任督二脈就會好了。」在廟公這樣洗腦暗示之下，小史還真的覺得頭痛好很多了。各位讀者別覺得舉這樣的例子浮誇，這可是真實世界天天在上演的。

6. 多重因子（Multiple confounders）

　　小史為頭痛困擾好久了，他嘗試過各種正規治療與偏方：去藥房買成藥吃、找中醫針灸、到醫院看神經內科，還去按摩推拿、回家洗熱水澡。最後他決定去廟裡求了符水來喝，結果頭痛好了，一定是符水有效，西醫都只會開藥治標不治本，真是沒醫德。

　　許多疾病都會被給予「雞尾酒療法」，例如復健科常見的下背痛，我們常以止痛藥、物理因子、徒手、運動、注射治療多管齊下。這麼多促進恢復的因子，到底誰才是最大功臣，其實很難說！

7. 情緒影響（Emotional influences）

　　小史在宮廟裡，被一位穿著背心的師姐攔下。「你怎麼看起來臉

色這麼差呢？來來來，來裡面坐著吧！我替你泡壺茶。」

　　師姐自己也有個與小史差不多年紀的兒子，因為在外地工作很少見面，看到小史彷彿是兒子回家一樣，心裡似乎有這樣的投射作用出現。師姐詢問小史頭痛的情況，分享一些她知道的偏方，也不忘提醒小史工作別太累，有空還是要記得去看醫生，臨走前還塞了一些水果給他。小史喝完符水回家的路上，感到肩頸的肌肉逐漸鬆開，頭痛真的好很多了呢！

用正確觀點看待健身：理論＋實作

　　現代科學發現，人的疼痛不僅是一個生理現象，尤其慢性疼痛與心理及社會因子的關係相當深遠。

　　舉例來說，我有不少病患是在高壓環境下工作的菁英人士，他們長期受肩頸痠痛的問題困擾，每次來復健、治療都能獲得一定程度改善，但只要一忙起來，肩膀與脖子就立刻被打回原形。而神奇的是，只要年休出國到了旅館放下行李的那一刻，所有痠痛都不藥而癒。

　　人的疼痛深受到壓力、憂鬱、焦慮、腦中認知、甚至社交環境的影響。研究發現，醫師的臨床態度也能影響病患的疼痛。不知道各位有沒有這樣的經驗：去看病遇到一位特別暖的醫師，他細心地為你檢查、詳細地解釋病情、有問必答，在離開前還要你多休息不用擔心。雖然醫師沒有開藥，但回家真的感覺舒服許多。

　　歐洲中世紀的人們深信放血的威力，發燒、拉肚子、頭痛，什麼問題都用放血來治療。為什麼就今日眼光看來荒誕的放血，在過去有那麼多的醫師與病人深信不疑？就是因為上述的心理學效應。

為什麼我花那麼大的篇幅在健身書裡講符水與心理學呢？因為同樣的道理完全適用在健身上。任何一種營養品、訓練法、飲食法的效果，絕對不是某個人親身體驗後就可以下定論的。一直以來史考特拍片、寫書都秉持著以科學證據為基礎，就是因為科學方法能夠排除這些心理學效應的干擾，讓我們用客觀、理性的方式，來衡量營養品、訓練法、飲食法的效果。

有人說健身不能紙上談兵，實作才是硬道理，我倒不大同意，我認為健身一定要結合實作派與理論派的優點。少了實作者的經驗，理論會變成天馬行空的空談；少了邏輯思辨的理論，實作會變成土法煉鋼的無盡地獄。沒有科學的基礎，現在的醫生說不定還會讓病人喝符水呢！

Dr.史考特1分鐘小叮嚀

在健身運動的世界裡，實作和理論同等重要。科學理論有助避免我們掉入心理學效應形成的思考陷阱中；而實作則是驗證理論的最佳方式，兩者應該是相輔相成的。

健身效果好不好，
竟和基因有關！？

為什麼相同的訓練方式，看別人練效果很好，但自己勤練後成效卻
是一般般？原來基因的不同，也會對健身變化和增肌速度造成影響。

　　健身的男性朋友在練了一兩年之後，心裡一定曾浮現過這個想法：
我跟某壯漢練的方法一樣，為什麼他看起來那麼大隻、線條那麼明顯，
我到現在還是被人家笑瘦皮猴呢？或者女生做了無數次的腹肌撕裂者、
翹臀養成計畫，身材為何還是不像 IG 上的健身網紅呢？

　　訓練方式、飲食、營養補充、甚至體能增強藥物都會影響一個人
的健身成效。但本篇我們要來談一個有些殘酷，而且是在我們掌控之
外的因素——基因（或者說天分、體質、遺傳），對於健身者的影響
到底有多大？

同等強度和訓練量，確實會練出不一樣的肌肉

　　一項 2016 年由芬蘭學者所發表的研究，就是在嘗試回答這個問
題，該研究找來了 287 位沒有訓練經驗的男女，開始為期六個月的重
訓計畫。重量訓練每週執行兩次，每次七種動作，涵蓋到全身的大肌
群。每次訓練都有專業教練在一旁監督，會根據每個學員的執行狀況

調升訓練量跟強度。這有點像一位健身新手，花錢買了半年教練課，是很扎實沒有偷懶餘地的練法。

在半年訓練的前後，研究者分別做了一次肌肉量及 1RM 最大肌力（單一肌肉一次收縮所能產生的最大肌力）的測試，來評估每一位參加者的進步幅度。結果如下圖，每一條直線代表的是一個受試者，而直線的高度則代表其進步幅度。圖表最右邊可以看到天賦異稟的基因怪物，他們在半年的時間內增加了 60% 的肌力，增加了 25% 的肌肉量，真不敢想像如果給他們練個十年，成果會有多可觀。

但相對地，在半年的辛苦後，也有 30% 受試者的肌肉量及 7% 受試者的肌力進步非常不理想，進步的幅度與完全沒練的控制組一樣。同樣練了半年，有人取得了令人羨慕的進步，有人真的「跟沒練一樣」。健身這件事，真的很靠天分！

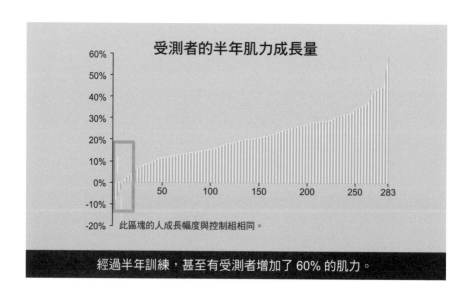

受測者的半年肌力成長量

此區塊的人成長幅度與控制組相同。

經過半年訓練，甚至有受測者增加了 60% 的肌力。

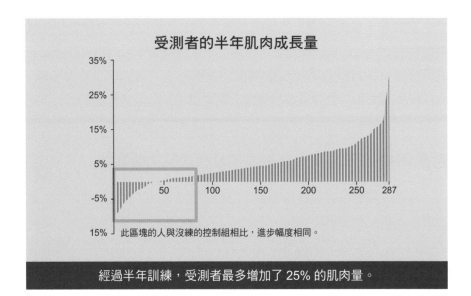

受測者的半年肌肉成長量

此區塊的人與沒練的控制組相比，進步幅度相同。

經過半年訓練，受測者最多增加了 25% 的肌肉量。

　　從醫學的角度看來，這樣的結果其實不讓人意外。因為人的特質很少生來平等，而是呈現一個常態曲線分布。例如身高、體重、智力、皮膚顏色等特質，都是很仰賴遺傳的。不可否認地，健身也一樣，有些人能隨便吃隨便練都長肉，有些人付出了努力卻得不到該有的成績。

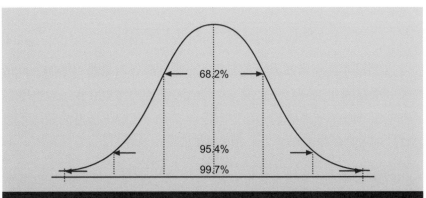

如同統計學中的常態分佈圖，大多數的人都會集中在中間這個區塊，兩側特別好或不夠好的人則只占了少數。

這聽起來是否很讓人洩氣呢？讓我們從另外一個角度來想：如果今天有人宣稱他的獨門練法，可以讓任何人變得像麥可喬丹、費德勒、老虎伍茲、山本俊樹（日本舉重選手）一樣強，各位相信嗎？如果不會，為什麼仍有人相信靠苦練就能變成金字塔頂端 1% 的運動員呢？

別讓 DNA 成為阻礙！你需要的是更個性化的訓練

　　只是在社群媒體發達的今日，我們的臉書和 IG 上充斥著那些天分上超凡入聖、金字塔尖端 0.1% 的神人。這種以「特例取代常態」的視聽生態，扭曲了我們的認知，讓我們以為只要努力，誰都可以有阿諾的二頭肌、金・卡戴珊（Kim Kardashian）的屁股，而對自己的身體產生了不切實際的期望。

　　一般的訓練者在認真訓練下，究竟可以獲得多少成果，大家應該回到自己的健身房看看，那裡才是現實世界。

　　史考特倒也不是費盡唇舌要讓各位放棄健身，寫這篇是希望大家對自己身材有一個「合理的期待」。不管遺傳是好是壞，每個人都可以透過健身知識、以及規律訓練，來改善自己的體態、體能、與健康，但我不認為每個人都能夠或應該變成 IG 上的健美網紅。

　　回到剛才那篇研究，儘管許多人的肌力與肌肉量沒有增加，但在這麼多受試者中，只有一男跟一女的肌力跟肌肉量都退步，幾乎所有人都在某項成績有所進步。而這兩位參加者，我個人懷疑他們是否為某些生理或精神疾病所苦，才會在規律訓練下退步。

　　那麼訓練成效差強人意的朋友，到底要怎麼突破瓶頸呢？2018 年 12 月發表在《運動醫學（Sports Medicine）》上的論文認為，成效不佳的訓練者，更需要增加訓練量或訓練強度。換句話說，練 3 組沒變壯，

那就練 5 組；原本每週練 2 次，現在要增加到每週 3 ～ 4 次；原本 10
公斤做 5 下，現在 10 公斤要挑戰做 8 下。健身遇到阻礙嗎？別灰心，
也別相信旁門左道的產品，你只是需要比別人更努力。

Dr.史考特1分鐘小叮嚀

健身確實有天分好壞之分，雖然不是每個人都能變成健身網紅，但只
要調整訓練的量與強度，並堅持下去，每個人都可以打造出一個更好
的自己。

健身要看到效果，為何不能不談科學？

網路資訊爆炸的年代，手指一滑就能看到那麼多健身知識和分享文，到底誰說的才有理？該如何判斷這些資訊是否正確呢？

科學是人類目前擁有最強大、最有力的工具，沒有之一。

20 萬年前智人（Homo Sapiens）剛在地球上出現，使用石頭工具打獵、採集，在沒有農業、醫療技術的情況下，兒童只有 50% 的機會能活到 15 歲。即使運氣很好活到 16 歲，也別高興的太早，當時人類平均壽命僅有 30 歲，16 歲的少男少女其實也過完人生一半了。

這個情況到了兩百年前依然沒有改善多少，那個時候的歐洲國家平均壽命仍僅有 30 年左右。一直到一次世界大戰前夕，美國與歐洲的平均壽命才率先成長到 45 歲。今日人類壽命的全世界平均值為 66 歲，台灣達 80 歲，算是相當長壽的國家。

人類在地球上 20 萬年間，壽命都只有短短 30 年，是什麼原因在最近一百年間成長了 2 ～ 3 倍？科學研究產生的知識，進而推動糧食生產、公共衛生以及醫療進步，是最主要的原因。

關於科學健身的兩個故事

科學有什麼厲害之處？科學如何改變人類？健身書為什麼也要談科學？讓我們用兩個小故事來向大家介紹。

請各位觀眾閉上眼睛，想像自己回到 10 萬年前的原始叢林……

大雄跟胖虎是同一部落的兩個原始人男性。胖虎長的十分健壯，不僅能與猛獸搏鬥，在和隔壁部落的戰爭中還立下了不小的戰功，部落的長老稱讚他，部落的女孩們愛慕他，讓大雄非常嫉妒。

大雄每天都偷偷觀察胖虎的生活作息，希望能夠找出他長得壯的祕訣。胖虎去哪裡撒尿，大雄就跟著去撒一泡；胖虎在叢林裡大聲唱歌，大雄也跟著唱；胖虎每天會在部落外圍扛起一塊大石頭鍛鍊身體，大雄想跟著模仿，但一下都舉不起來所以就放棄了。

數個月過去了，大雄幾乎模仿了胖虎所有的行為，卻還是不見身體有變化。某天，胖虎在樹林裡撞見一隻灰熊，還好他神力驚人，用強勁的臂力丟石塊砸死了這隻運氣不佳的巨獸。當晚在部落的野宴上，胖虎將熊掌吃了。大雄看到後，立刻衝上前偷了一小塊熊掌吃掉。

吃了熊掌的大雄，感到全身充滿力量，以為自己找到了胖虎強壯的祕訣。為了證明自己的能力，大雄走進樹林深處，一隻灰熊出現在眼前，然後呢……，然後他就死掉了。

好，讓我們把時間拉回到現代，大雄與胖虎是兩個醫學院的大學生。胖虎是健壯的少男，也是班上女生的心儀對象，大雄心中非常嫉妒，但擁有科學思維的他，知道光模仿胖虎的作息，甚至是聽胖虎的建議，都未必能讓他變成胖虎第二。

於是，大雄在指導教授的協助下，發起了數個研究計畫。首先他

找來 500 位民眾，調查他們的學歷、運動、飲食、生活習慣、家族成員，並與他們的肌肉量做關聯性分析，結果發現住海邊、常從事重量訓練、家族成員也很壯、還有常服用綜合維他命的人，肌肉量都比較高。接著，大雄進行了以下的臨床試驗來驗證他的初步觀察，看看哪一組長出比較多肌肉。

● 實驗一，大雄讓實驗組搬到海邊生活，控制組則住在城市。

● 實驗二，實驗組從事重量訓練，控制組滑手機做手指運動。

● 實驗三，實驗組吃維他命，控制組吃安慰劑。

● 實驗四，實驗組每餐吃 5 顆蛋，控制組每餐吃 5 顆水果。

最後，大雄發現做重量訓練、父母肌肉量高、還有常吃蛋跟肉的人，都長得比較健壯。讓人們搬到海邊或服用綜合維他命，則完全沒有效果。

他將這些成果發表後，自己也開始做重量訓練、每餐都吃三顆蛋一塊牛排，很快地大雄也長了不少肌肉出來，而且拿到知名大學的終身教職，每天都在女大生的簇擁下過著幸福快樂的生活（咦？）。

別再只是土法煉鋼！運動訓練融入科學更精準

科學就是這樣威力強大的工具，讓我們在兩百年內從只能活 30 歲變成可以活到 80 歲，從騎野豬變成搭高鐵。還可以將大雄從灰熊手中解救出來，每天過著荒淫無道，不，是人人羨慕的生活。

雖然科學大幅提升了人們的生活，但講到健身，還是有許多人習慣使用原始人的思維。健身圈裡長得最壯的人怎麼練，怎麼吃，他說

了什麼、代言了什麼產品，似乎就是金科玉律、硬道理，大家都要一窩蜂跟著模仿。反而沒人願意參考科學數據，許多人搶著當 10 萬年前的原始人大雄，卻沒人想當 2020 年的科學家大雄。

菁英運動員、金牌教練們仍然是很好的學習對象，但健美冠軍畢竟是人，人都會犯錯，都有偏見、盲點，對於自然現象會有錯誤的解讀。例如奧林匹亞冠軍多利安 · 耶茨（Dorian Yates）曾建議健身者丟棄蛋黃以避免膽固醇過高，或是阿諾曾說肌肉練到又痠又脹才是有效，這兩個說法在日後都被證明為錯誤的。

（註：不過，阿諾那一代健美選手的許多理論 40 年後仍適用，還是要佩服這些健身前輩們，在沒有科學指引下竟然可以「試出」那麼多真理。）

有人說健身科學都是理論派在嘴砲，健身是實作的東西，實作派的作法才有參考意義，這顯示發言者對科學研究的無知。

健身的科學研究者也是得去健身房、學校、社區活動中心裡張貼海報，或是最近很多是在網路上招募自願者。有了參加者後，再請他們到指定的健身房，或大學的研究室中，在研究助理、健身教練、物理治療師的指導下，完成一次次的重量訓練。

健身研究並不是在平行宇宙裡進行，也不是只會看顯微鏡、培養細胞或是養老鼠，健身研究是在現實世界裡找正常人用健身器材做的，差別只在於研究者使用儀器，用客觀、可量化、可重現的方式控制變因與觀測成果，並用理性邏輯分析數據。

健身科學不該有實務派與理論派之分，健身科學就是實務與理論齊心協力之下的智慧結晶。

謝謝大家聽我抒發心中的不滿，抱怨完畢。我真心相信，每個人只要帶入一點科學思維來分析日常生活中的問題，從健身、營養、乃至經濟、教育、政治、公共政策，我們的世界會變得更好，生活也會更圓滿。

Dr.史考特1分鐘小叮嚀

用對方法，才能事半功倍！運動也是一樣。如何更聰明、更有效率地訓練？建議你應運用科學研究所得到的理論與實證，和日常的實際操作相結合，來提升運動表現。

挑對時間運動，增肌效果大不同？

科學家發現，傍晚進行高強度運動或重量訓練，表現會比較好；至於中低強度的有氧運動，和生理時鐘之間的關聯性則較不顯著。

　　平時我們仰賴手錶來得知時間，其實大腦裡也有個生理時鐘在記錄日夜循環。為了研究人類在太空中失去日夜時間感的後果，1962 年一位法國科學家在伸手不見五指的地底洞穴住了 62 天，他沒帶手錶或任何計時裝置，地面上的人也無法與他聯繫。每天起床、吃飯、睡覺時，他會向地面人員打信號以記錄作息時間，看看在失去時間感的環境裡，人的作息會變成什麼樣子。

　　每天他睏了就睡，餓了就吃。雖然不見天日，也無從得知時間，他的作息竟然維持著 24 個小時又 30 分鐘的日夜循環。由此可證明，人體裡也有一個生理時鐘在持續運轉，這個時鐘不僅掌管我們的作息循環，還控制了我們的內分泌、體溫、食慾、以及運動表現。

　　研究運動科學的學者於是想到，運動表現是否會隨著生理時鐘變化？我們又是否可以配合生理時鐘以獲得最佳訓練效果？答案是：確實可以！

健身練肌肉，傍晚做最好！

　　科學家發現做爆發型、力量型、無氧的運動，例如重量訓練，在傍晚 4 ～ 8 點之間表現最好，早上 6 ～ 10 點反而是力量最差的時刻。根據不同研究的數據，早上跟傍晚的運動表現差距在 3 ～ 21% 之間。換句話說，傍晚的肌肉力量可能比早上高出 3 ～ 21% 不等。2009 年的研究甚至發現，重量訓練在傍晚做，得到的肌肥大效果比早上做多了 0.8%（未達統計顯著）。

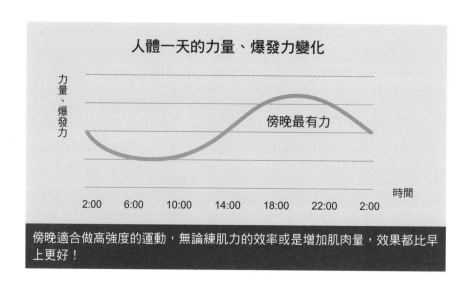

人體一天的力量、爆發力變化

力量、爆發力

傍晚最有力

時間
2:00　6:00　10:00　14:00　18:00　22:00　2:00

傍晚適合做高強度的運動，無論練肌力的效率或是增加肌肉量，效果都比早上更好！

　　科學家還不完全知道這個現象的成因，有人猜是體溫變化，其他人則認為是神經徵召能力的改變。總之原因還有待進一步研究發掘。

　　相對起來，中低強度的有氧運動就比較不受日夜循環影響。有些人喜歡晨跑、晨泳，有些人則喜歡在晚飯後、睡覺前去健身房騎飛輪。不管是何種有氧，其運動表現跟生理時鐘沒有關係，早上或晚上跑步基本上是沒差的。

雖然高強度運動或是重量訓練的表現在傍晚比較好，習慣練早上的朋友也別太過擔心了。研究顯示，身體會對特定的訓練時間產生適應。換句話說，習慣練早上的人，早上的力量反而會比下午更強。而習慣練傍晚的人，則是會進一步拉大早上與晚上之間的力量差距。

運動金字塔，訂製符合自己習慣的運動模式

話說回來，再好的運動計畫、再理想的運動時間，只要沒有持續執行都是枉然，貫徹始終才是運動習慣的基礎。現代人生活忙碌，上班、上學、帶小孩、交報告、趕死線，光要擠出時間來運動就很困難了。除了職業運動員，很少人有那樣的時間彈性，可以決定要早上還是晚上運動。儘管固定時間運動、或是傍晚做重訓，可以讓你獲得一點點優勢，但選擇個人最方便、最實際，最可行的時間來運動，我想對大多數人才是可長可久的策略。

運動時間金字塔依照重要性從下往上，金字塔的第一層是依照個人時間許可／喜好來安排訓練，第二層是固定每天在一個時間訓練，第三層才是高強度運動在傍晚做。

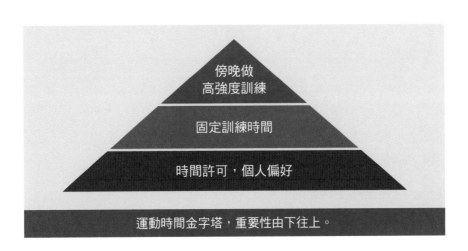

傍晚做
高強度訓練

固定訓練時間

時間許可，個人偏好

運動時間金字塔，重要性由下往上。

運動是一輩子的事情，初學者的第一要務就是奠定習慣，不要半途而廢，所以沒有壓力，能好好運動的時間就是好時間。時間比較有彈性的朋友，固定在下午做重量訓練可能會更好。而有氧運動者就不用擔心這個，甚麼時候練都很好。

　　至於常有朋友詢問，晚上做重訓會不會影響睡眠？2018 年發表在《運動醫學（Sports Medicine）》期刊上的統合性研究，發現晚上運動不會妨礙睡眠，甚至能增進睡眠品質！針對重訓所做的研究也發現，不管是早上、下午、晚上做重訓，對於睡眠都有正向幫助，有做都比沒做好。

　　不過對於超高強度，或是在睡前一小時內做的運動，還沒有什麼研究可供佐證。原本就有失眠困擾的朋友，為了保險起見，最好別在睡前一小時內做高強度運動。而沒有失眠問題的朋友，請放心的運動。

Dr.史考特1分鐘小叮嚀

訓練時間首重個人偏好、再來是固定訓練時間、最後才是傍晚做重訓。晚上做運動其實不會睡不著，對時間緊迫的現代人來說，晚上也是可以運動的。

一公斤肌肉
能燃燒多少熱量？

「增加肌肉能幫助消耗更多熱量」、「因為肌肉多，所以吃多也不容易胖」……，事實真的是這樣嗎？

　　健身圈充滿了各種迷思，有些被破解之後逐漸消逝，但有些就像小強一樣生命力頑強。本篇我們要來聊一個最廣為被相信的錯誤訊息，一公斤肌肉能夠燃燒多少熱量？

　　一公斤肌肉能夠燃燒多少熱量？隨手上網搜尋一下，會看到的標題有：

● 躺著也會瘦！每磅（約半公斤）肌肉可幫你每天燃燒 30 卡，「是全時間在消耗，即使在睡覺時，也能消耗熱量」。

● 一公斤的脂肪只能消耗 4～10 卡的熱量，但一公斤的肌肉卻能消耗 75～125 卡，足足差了幾十倍。

● 肌肉可消耗的熱量是脂肪的 10 倍以上，若能透過運動來增加「肌肉量」，不僅能讓身材窈窕緊實，更是邁向「易瘦體質」的重要關鍵唷！

減脂需以飲食控制為主、運動為輔

有健身背景知識的讀者掐指一算,就會知道這些數字怪怪的。

如果一公斤肌肉能夠燃燒 100 大卡的熱量,那麼以常人去做 InBody 測量的數字來看,一個男生平均有 20 ～ 30 公斤的肌肉,女生有 10 ～ 20 公斤,豈不是吃下去的熱量拿來支應肌肉就用完了?大腦、其他器官都不需要熱量維持?所以這個數字是明顯有問題的。

一公斤肌肉實際上可以燃燒多少熱量呢?根據 2011 年的研究,一公斤的肌肉每天大概能燃燒 12 大卡,一公斤脂肪則是 4.5 大卡。以一碗白飯 280 大卡的熱量、一罐小罐可樂 140 大卡來說,一公斤肌肉能夠幫助燃燒二十三分之一碗白飯,或是十一分之一罐可樂。就算一個人花了數年的時間,每週不間斷認真訓練,長出了 10 公斤肌肉,這也不過夠讓他每天多吃半碗飯,多喝一罐可樂而已。所以肌肉多的人並不會體脂直直落,也不能毫無限制的大吃特吃。世上還是有許多肌肉與脂肪量都多的人,例如相撲選手。

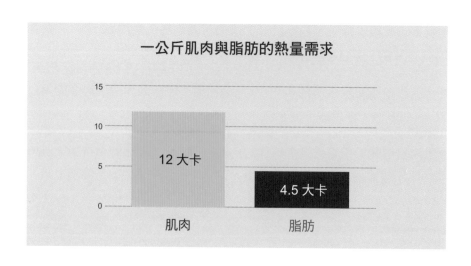

一公斤肌肉與脂肪的熱量需求

　　肌肉雖然能消耗熱量，但燃燒的量實在是微不足道。這又呼應了我一直在強調的一點：減脂是以飲食控制為主，運動為輔。只運動不管嘴巴，不可能得到好的減重成效。知道了這點，我們才能把全副精力放在真正重要的飲食上，而不會花錢、花時間、花力氣去追求奇奇怪怪的噱頭。

Dr.史考特1分鐘小叮嚀

假如你訓練肌肉的目的，是為了能盡情地吃喝、享受美食，那很可能要大失所望了！對於希望減去脂肪的人來說，控制飲食仍是第一要務。

不必辛苦鍛鍊，
靠這招也能變壯！？

藥物可以使人變得更壯！但效果究竟有多強？只靠著打藥難道真能打趴那些勤奮訓練的人？讓我們來看看研究結果。

　　體能增強藥物（俗稱黑魔法）是一些吃了或注射之後，會讓肌肉變大塊、力量變強的藥物。只要健身資歷夠久，一定都有聽過甚至親身體驗過藥物的威力。這邊先強調，我自己從來沒有用過體能增強藥物，也不鼓勵任何人使用。體能增強藥物在多數國際賽事被禁用，對健康也有許多風險，更是違反各國醫藥法，所以並不建議。

　　免責聲明結束，可以進入正題了：體能增強藥物到底有多有效？沒有鍛鍊的人用了也會變壯嗎？

　　社群媒體上常看到以下情境：某個肌肉發達的男（女）性在照片上展現健美身材，底下留言區招來不少酸言酸語，嘲諷照片的主角是使用藥物才有這樣的身材。同個留言區，一定會有另一群網友替主角辯護：「雖然他（她）有用藥，但人家是認真鍛鍊、控制飲食才有這種成績的。你們這些酸民身材這麼差，還不是因為自己不努力，不要什麼都怪到藥上。」

用藥長肌肉，研究：效果加倍

兩造說法，誰對誰錯呢？讓我們來參考一篇 1996 年的經典研究，43 位健康的年輕男性被隨機分為有無接受雄性素注射，以及有無做重量訓練，2x2 共四種情境的四宮格，如下圖所示：

	有訓練	沒訓練
有用藥	訓練＋用藥	只有用藥
沒用藥	只有訓練	沒練＋沒藥

研究持續 10 週，訓練組執行週期化的健力三項動作，包括蹲舉、臥推、硬舉，而且在教練監督下持續增加重量及強度，是非常扎實的訓練課表。藥物組則接受每週 600mg 的雄性素（Testosterone，又稱睪固酮）。

在醫療上醫師也會開立雄性素給性腺分泌低下的男性，但治療劑量通常是每週 100mg 或更低。

換句話說，這篇研究給的劑量是醫療用的六倍之多，只有運動員會這樣使用，這遠遠超出藥物的建議使用量。10 週過去，受測者的身體發生了什麼變化呢？

下圖是參加者大腿肌肉的變化量（單位為截面積 mm^2），最左邊沒練又沒用藥的人們大腿不但沒變粗，反而還變細了一點點。最右邊有訓練又加上藥物輔助的人們，增加的肌肉量是有練但沒用藥的兩倍。

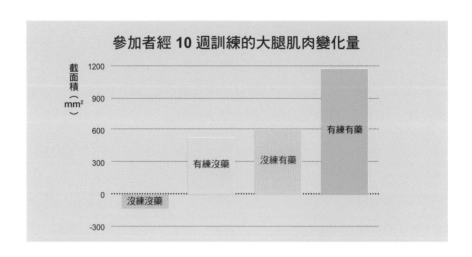

許多朋友最關心的重點，有練沒用藥與沒練有用藥，到底哪一組長的肌肉多？

答案是：一樣多。如果不考慮統計問題，有打藥沒練的人甚至還微微勝出對手一些。

下圖顯示手臂三頭肌的變化，有打藥但是沒訓練的人手臂粗了一圈，三頭肌截面積成長 14%，遠遠超過有訓練但沒打藥的人。

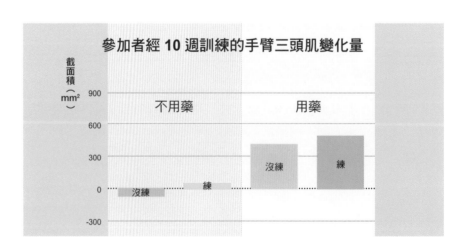

下圖是最大肌力的比較，有練的人終於贏了。有訓練者深蹲的最大重量分別增加 37%（有用藥）與 20%（沒用藥），用藥但沒練的組別則微幅增加 3%。雖然只用藥力氣不會變大，但有鍛鍊又用藥的人仍然可以得到近兩倍的成長優勢。

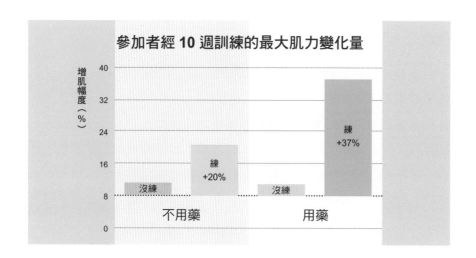

以上研究清楚顯示藥物帶給訓練者的優勢。使用雄性激素的人即使完全不鍛鍊，都可以比辛苦訓練者長出更多肌肉。

藥？不藥？關於藥物使用的正確觀念

雖然效果卓越，我仍反對使用體能增強藥物如雄性素。這些藥物不但傷害健康、也違反運動競賽規則，在世界各國（包括台灣）都是非法行為。但話說回來，身體是自己的，有人選擇自律養生，有人喜歡抽菸喝酒，在不影響他人的前提下，我也沒什麼立場對別人的選擇指指點點。

唯一會「戳到我」的情境，是有些用了藥卻不承認的人，以藥物

給他的優勢去霸凌他人，嘲笑他人練不壯。或更糟糕的是，隱匿自己用藥的事實，然後將身材歸功於特定營養品，或是獨門訓練法，以此來販售商品及服務營利，這根本就是詐欺行為。

大家的心裡一定都能想到這樣的人物：明明含著金湯匙出生，卻宣稱自己白手起家；輕鬆繼承父母的龐大家產，卻嘲笑貧困者不努力賺錢。

鍛鍊身材與打拚事業其實有點類似，兩者都需要長期的努力才能得到成果，如果有人願意以真金白銀相助，或是選擇使用藥物幫忙，這都會讓路變得更好走，事半功倍。得到了這些推力，有些人選擇回饋社會，有些人變成運動推廣的親善大使，做對社會有益的事情，那都是值得鼓勵的。但仗著金錢或藥物的幫助，反過來嘲笑人家不努力賺錢、不努力健身，用財富跟身材來霸凌別人，這會造成相當深遠的傷害。

抄捷徑並不可恥，抄捷徑不承認而且嘲笑一步一腳印的人，那就很糟糕。

Dr.史考特1分鐘小叮嚀

體能增強藥物讓人不練也增肌，效果相當卓越。但使用此類藥物傷身又違法，實在不是健身正途。

擁有六塊肌，
等於擁有健康？

減掉多餘脂肪，還能練出緊實的腹部線條或六塊肌，是許多人夢寐以求的事。不過，六塊肌能與健康劃上等號嗎？

　　曾有讀者問我：有六塊肌、人魚線，真的會比較健康嗎？我花了幾天思考，得出以下答案：努力健身與飲食控制是達成特定目的的手段，而多數人的目的大概不出健康、體態、體能這三項。以下是我給它們的定義：

● 健康：促進健康、延長壽命、預防疾病與失能產生。
● 體態：改變身體外觀，以符合他人或自我的喜好。
● 體能：增強肌力、爆發力、有氧耐力、協調性等運動能力。

　　努力健身並注重飲食，對上述三個目標都是有益的。例如一位體重過重的上班族，開始每天少喝一杯含糖飲料、做基本的肌力訓練，那麼他的健康、體態與體能都會同時進步，三者間互不衝突。

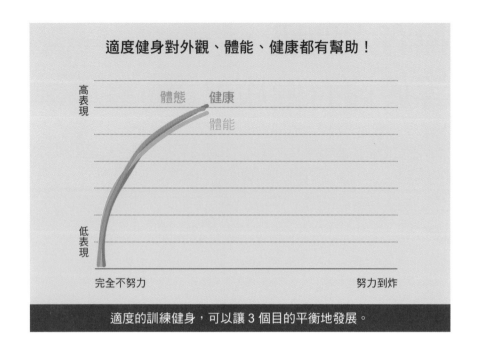

適度健身對外觀、體能、健康都有幫助！

體態　健康

體能

高表現

低表現

完全不努力　　　　　　　　　　努力到炸

適度的訓練健身，可以讓 3 個目的平衡地發展。

　　但過了一個臨界點後，我們對這三個目標就得做取捨了，這又是為什麼呢？

健身 3 大目的，為何無法兼顧？

　　如果您是以體態為優先考量的健美運動員，為了達成驚人的低體脂率與肌肉線條，勢必得非常嚴格地控制飲食、並採取極端的方法讓身體脫水。這些做法可能會影響性腺分泌、造成飲食失調症、甚至傷害腎臟。極端完美體態與健康是有所衝突的，有研究指出職業健美運動員死亡率較普通人高，可見一斑。此外，在控制飲食降低體脂的過程中，體能也會退步。曾有健美選手表示，舞台上的他雖然看起來雄壯威武，但那是他一生中身體最虛弱的一刻。

以健康優先的讀者，訓練上可能會為了避免運動傷害而稍微保守，不以高強度、高訓練量、高風險的方法來打造怪物般的體能。而過去的研究發現，男性體脂在 12 ～ 20%，女性在 20 ～ 30% 之間的死亡率最低，雖然這樣的體脂看來是相當標準，但距離健美的極端體態還是有段距離的。

以體能為優先的讀者，跟追求健康者剛好相反，他們必須以不斷地探索身體極限，在過度訓練的邊緣與運動傷害搏鬥，甚至在許多例子裡，施用體能增強藥物。而且，體能目標一旦設下，體態往往只能乖乖「配合」，例如馬拉松選手不會有太多肌肉，健力選手「通常」不會有佈滿青筋的腹肌。

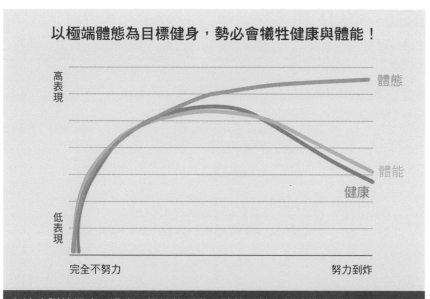

以極端體態為目標健身，勢必會犧牲健康與體能！

和適度訓練相比，過度、極端的運動，體能和健康無法隨之遞升，反而呈現下降。

怕受傷而從不做到力竭的地方媽媽、為了力量而增重 30 公斤的相撲力士、或是五年沒有生理期的女性馬拉松選手，都為自己做出了理性選擇，但他們也都是三者無法兼顧的最好例子。

　　回到最初的命題，六塊肌人魚線是一個健康的型態嗎？我的答案是：看情況。如果熱量充足的高纖、高蛋白、低加工飲食與設計良好的低風險體能訓練，讓你擁有人人稱羨的腹部，那麼六塊肌是一個健康的型態。但如果你的六塊肌是來自催吐、過度訓練、停經、過量訓練、非法藥物，那麼答案就是否定的。

Dr.史考特1分鐘小叮嚀

適度健身有益健康，但以極端體態與體能為目標訓練，有時反而不利健康！

活得更久更健康，
運動是萬靈丹

改變體態、讓自己變得更好看、練出人人欽羨的精實肌肉……除此之外，你知道重量訓練還能為身體帶來更多其他好處嗎？

　　許多人（包括我）開始做重量訓練，都不是為了健康或什麼偉大的理由，而是很單純地想變帥變美。增加自己外在吸引力是人之常情，沒有什麼好害羞的。只是各位有沒有想過，做重量訓練會產生一些變帥變美之外的效果？

　　「增加壽命、改善生活品質」就是其中一項副作用。醫生評估一個人的健康情況時，除了問診，通常還會做一系列客觀的檢驗。例如體重、腰圍、血壓、血糖、心電圖、血脂肪、醫療影像，這些資訊可以告訴我們哪些病人健康良好，哪些是高危險群，又有哪些已經罹病需要治療。

握力測健康！？肌力強弱影響壽命長短

　　近年來許多研究發現，體能狀態可以反映出健康狀態，其準確度、重要性都不比傳統的指標差。例如運動測試時在跑步機上跑最快的男性，8 年間死亡率是表現最差男性的四分之一。

日本廣島的科學家測驗了 1970 年至 1999 年間近五千位住民的握力，雖說握力僅能測試前臂的肌肉力量，但是要求沒有做過重訓的人測量最大蹲舉重量（1RM），有很大的難度與危險性，手持式握力器是安全、方便、低成本的替代方案，也能反映出身體整體的肌力。（各位有看過硬舉很強的人，握力卻很弱的嗎？我也沒有。）

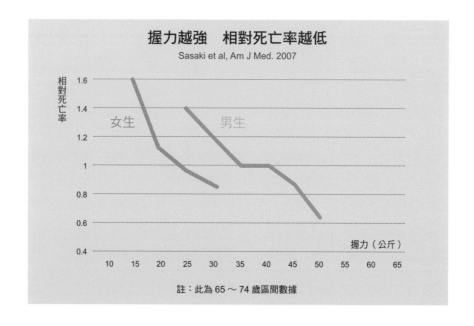

握力越強　相對死亡率越低

Sasaki et al, Am J Med. 2007

註：此為 65 ～ 74 歲區間數據

　　由上面的統計圖表，我們可以發現握力越好的受測者，長期死亡率越低。每增加五公斤的握力，對應的死亡率就降低 11 ～ 13%。有人可能會質疑，肌力（握力）差的比較多是年老、衰弱、甚至有疾病的族群，肌力弱僅是反映出他們身體的狀況不好，所以死亡率才比較高。

　　非也非也，肌力與死亡率的關係不僅在老年人身上存在，連年輕人都一樣適用呢！

學者發現，年輕人握力每增加 5 公斤，20 年後的死亡率也會跟著降低 8% 呢！不管年紀、疾病狀態，肌力都是一個很重要的健康指標。

打不開瓶罐，常需要他人協助的讀者，或許該擔心一下了。

在一篇類似設計的研究裡，加拿大學者發現握力預測患者心血管疾病的能力，竟然比血壓數值還好。

或許以後史考特的診間裡，應該放一台握力計，而非血壓計；我該處方重量訓練，而非降血壓藥？（註：認真說，血壓計還是很重要，有高血壓也還是得吃藥！）

以上所提到的皆是觀察性研究，也存有關聯性不等於因果關係的限制，需要未來的臨床試驗來證實。不過就既有的證據看來，「重量訓練延長壽命」是合理且可能性高的假說。

重量訓練可以避免肌肉流失、預防肌少症、治療骨質疏鬆、增加基礎代謝率、改善胰島素敏感度、預防及治療糖尿病、改善老年人認知功能、作為心臟疾病復健的一部分，有這麼多、這麼廣的健康效益，重量訓練能延長壽命，應該也不會令人意外吧？

復健醫學有一句經典名言：「醫學為生命增添歲月，復健為歲月增添生命。」

在醫學進步下，人類的平均壽命延長不少。但僅僅活下來是不夠的，如果生活無法自理、不能自由行動、每天與身體與心理上的痛苦搏鬥，這樣低品質的生活又有誰想去延長呢？

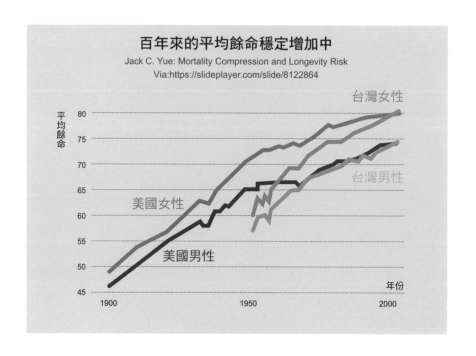

百年來的平均餘命穩定增加中

Jack C. Yue: Mortality Compression and Longevity Risk
Via:https://slideplayer.com/slide/8122864

重訓好處多！延壽之餘更能常保安康

幸好，有證據顯示重量訓練不僅能延長壽命，更能提高生活品質。

2012年的研究指出，肌力與 SF-36 主觀健康量表有顯著的關聯性。也就是說，肌力弱的老年人，主觀的活力、生活功能、身體疼痛、精神健康、情緒、自覺健康都比較差。

肌肉無力導致走路速度慢、害怕跌倒、上菜市場沒辦法提重、抱不動孫子，這些問題都會造成生活上的不便。還好，研究顯示即使是衰弱的老年人，經過訓練後都能改善肌力、增加步行速度以及生活功能。

就算是有心臟衰竭、代謝疾病、帕金森氏症的病人，重量訓練都

能改善生活品質。更別說重量訓練本身就能預防失智、中風、心臟病、糖尿病等，可能造成嚴重失能的疾病。

受憂鬱症所苦嗎？重量訓練能改善症狀，而且效果還不差呢！膝蓋退化痛到走不動嗎？重量訓練能讓你走得更快更久。慢性下背痛、肌腱炎、甚至換過人工髖關節嘛？重量訓練仍然是解藥。

運動（包括重量訓練在內）是已知最接近「萬靈丹」的東西，沒有一種藥物像運動一樣，有如此廣泛、強力的療效。

我並不是宣稱重量訓練能使人長生不老、刀槍不入，但如果有一種藥物能拉長你在人世間的時間，並且延後疾病的發生，將病痛侵蝕生命的時間壓縮至最短，讓你可以好好地享受這趟生命旅程，活得健康、快樂、充實，你願不願意乖乖吃藥呢？

我是很樂意的。

Dr.史考特1分鐘小叮嚀

運動有助維持並改善身心健康，無論是想單純地延長壽命，或者期待能同時兼顧存活在世期間的生活品質，它都是一帖最佳良藥！

總是肥在屁股和大腿！
拆解女生梨形身材原因？

女性的脂肪總是容易集中在臀部及大腿，即便努力減重仍會出現體態不夠勻稱的現象。對此，科學家做了研究來探討箇中緣由。

　　減重的女性朋友常抱怨，減肥總是先減到胸部，最在意的屁股、大腿卻永遠都瘦不下來。男性很少會有手臂、臀腿肥胖的困擾，卻常會苦惱腹肌為何隱身於脂肪深處，或是肥美的腰內肉消不掉。

　　脂肪堆積的位置男女大不同，女生的肥胖比較常發生在下半身、男生則集中在肚子，有人又把男女的肥胖體型分別形容為蘋果與西洋梨。究竟是什麼因素決定了脂肪堆積的位置，又是誰決定減肥的時候先瘦哪邊呢？

女性下半身難瘦！問題出在脂肪細胞和荷爾蒙

　　讓我們來看一篇女性減重的研究。美國學者寧德爾（Nindl）等人招募了 31 位年輕女性進行健身計畫。訓練內容包括一週做 4 天重訓加上 5 天有氧，可說是相當精實，這樣持續 6 個月後，以核磁共振等精密儀器來測量她們的體脂肪變化。

結果發現，這些女生的手臂脂肪下降31%，手臂肌肉量完全沒改變。但下半身的情況剛好相反，大腿脂肪完全沒改變，肌肉量卻上升了5.5%。軀幹（胸部與腹部）則減少了12%的脂肪量。

以上的研究也證實了大家的觀念，女生的大腿屁股總是最難瘦。

　　為什麼男女脂肪分佈的區域不一樣？減脂的先後順序也不一樣？許多人認為是內分泌在作祟，這說法只對了一半。科學研究發現，脂肪細胞不是死氣沉沉的組織，它們每天不斷地在儲存、製造新脂肪，而且也不斷地釋出儲存的脂肪。甚至脂肪細胞還會製造以及接受各式各樣的荷爾蒙，去影響整個身體的代謝。不同部位的脂肪也會有不同特性，有些脂肪很愛儲存，有些卻傾向釋出存貨；有些對腎上腺素的作用很敏感，有些卻比較聽雌激素的指令。

　　女生減肥先瘦上半身，是因為下半身脂肪對「出清存貨」的荷爾

蒙指令不敏感。在長時間未進食或是運動後，身體會用腎上腺素、或是降低胰島素的方式來下達釋放脂肪的指令。此時全身的脂肪細胞都會敞開大門，放出儲存的能量。但全身的脂肪細胞並不是都長一個樣，下半身脂肪剛好是最不聽話的那群，就是不愛聽荷爾蒙的話，緊抓著脂肪不放。

確實，荷爾蒙也會影響脂肪分布，雌激素有將脂肪「周邊化儲存」的效果。研究發現女性在飯後儲存的脂肪比較會跑到皮下，男生比較會深入到腹部內臟周圍。所以女生的皮下脂肪平均比男生來得多，看起來肉肉的，而有些男性不喝酒也是挺個大大的啤酒肚。女性在更年期後因為失去了雌激素的影響力，皮下脂肪會漸漸減少，有時體脂肪就大舉轉移陣地到肚子去，反而變成跟男性一樣的體態。

還是很困惑嗎？我們舉個淺顯的例子：女性的手臂及內臟脂肪像是活存，很容易存也很容易提領；但屁股與大腿的肉卻像定存，存進去很容易，要提出來就比較困難了。

女性讀者也別太沮喪，許多研究指出臀腿肥胖對健康比較沒有負面影響，而男性因為脂肪堆積在內臟四周，對代謝健康產生負面影響，發生心血管疾病的年紀比較早，平均壽命也比女性短上不少！

Dr.史考特1分鐘小叮嚀

男女體脂肪的分佈為先天決定，擊敗女性下半身肥胖的唯一正途，是靠飲食控制讓全身「一起瘦」。

訓練拚命到筋疲力盡，比較有效嗎？

不論你的運動目的是什麼，埋頭猛練的成效不一定更好！當出現越運動越疲勞的狀況時，建議應適度調整，讓身體休息一下。

　　剛開始接觸健身的時候，我聽了阿諾的訪問，他說重量訓練的關鍵就是快力竭的最後那一兩下。有沒有把肌肉所有的力量都用盡，《ㄥ出那最後一下，就是冠軍跟亞軍間的差別所在。當時的我很相信阿諾的教導，所以也真的每一組都做到力竭，甚至那時候會請訓練夥伴幫忙，讓我在力竭後也能多擠出幾下離心收縮。

　　但最新的研究指出，訓練不用力竭就很有效了，太常力竭反而不利肌肉生長！

訓練次數越多越好？小心沒效還更累

　　美國學者卡羅爾（Carroll）等人找來 15 位平均訓練經驗 8 年的年輕小伙子，他們平均體重 86 公斤、BMI 27，肌力水準與職業美式足球員相當，是走在街上會讓你很有壓迫感的壯漢，不是那種隨便練隨便進步的初學者。

接著他們開始為期 10 週，每週三天，精心設計的週期化訓練，內容包括槓鈴蹲舉、臥推、過肩推，挺舉、背槓跳等肌力和爆發力訓練。壯漢們雖然執行的訓練計畫一樣，但在重量的選擇上略有不同。力竭組選擇的重量讓他們在最後一組一定會完全力竭，如果沒有的話，下次訓練就要增加重量，總之一定要讓你練到「升天」就對了。而保留組則是採用相對強度，也就是用最大肌力的 70 ～ 90% 訓練。不管是 3 組 10 下，或是 5 組 5 下的課表，保留組都不會練到完全力竭。

　　課表經過精心設計，最終兩組人完成的訓練量幾乎一樣，但有趣的是，力竭組的各方面表現都比較差。保留組的肌肉厚度增加更多，爆發力、最大肌力進步幅度更多，而且主觀的疲勞程度也較低。換句話說，力竭幾乎沒有任何好處，反而只會讓你更疲累！

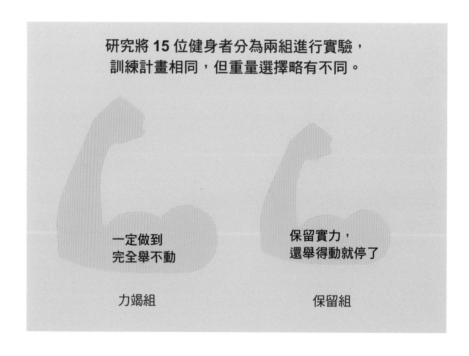

研究將 **15** 位健身者分為兩組進行實驗，
訓練計畫相同，但重量選擇略有不同。

一定做到
完全舉不動

保留實力，
還舉得動就停了

力竭組

保留組

可是為什麼會這樣呢？史考特猜測與疲勞度有關。理論上訓練量越高，肌肥大的效果也會越好，但隨著訓練次數累積越多，每一次所提供的效益也越低，這跟經濟學上所說的邊際效益遞減法則（The law of diminishing marginal utility）是一樣的概念。問題是，每多推一下所帶來的疲勞是越來越大，尤其是每一組的最後一兩下，造成的疲勞遠大於第一二下。

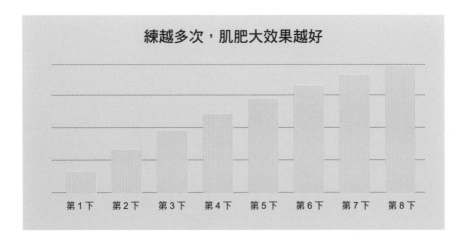

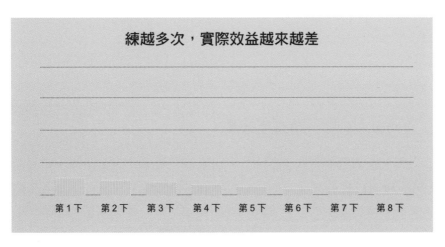

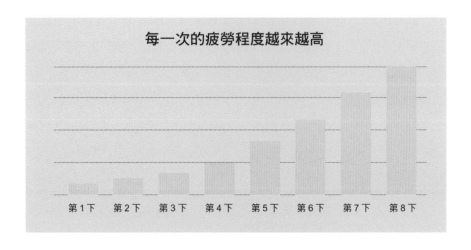

每一次的疲勞程度越來越高

第1下　第2下　第3下　第4下　第5下　第6下　第7下　第8下

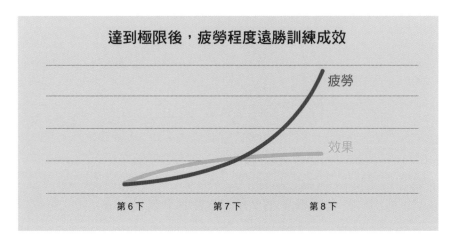

達到極限後，疲勞程度遠勝訓練成效

疲勞

效果

第6下　　　　第7下　　　　第8下

訓練過頭太疲勞，帶來反效果

　　有訓練經驗的人應該都知道，如果一百公斤可以蹲 10 下，那麼前 5 下大概可以輕鬆完成沒問題，可是到了第六第七下，感覺越來越沉重，到了第八第九下，起來的速度會明顯下降，到了最後那一下，感覺命都要沒了。

簡單來說，去拼那力竭的最後一下帶來的好處只有一點點，但疲勞感增加超級多，算起來練到力竭反而不划算。另外一篇近期的研究也同意這個看法，練到力竭會使得兩天內體能下降，反而影響到後續的訓練品質。

所以說，不管你是「健美掛」追求肌肥大、還是「健力掛」追求最大肌力，甚至你是籃球員壓重量為了跳更高，不要每一組都練到力竭，應該是適合每一個人的大原則。至於為什麼阿諾在 40 年前會那樣建議呢？我認為是那個時代，運動科學尚未發達，許多健美的原則都是健身房裡的壯漢摸索出來口耳相傳的，畢竟還是不能跟當代嚴謹的科學研究相比。

而且，使用體能增強藥物的人，恢復能力比一般人要好得太多了，不管是多麼地獄的訓練法，他們都能像金剛狼一樣迅速恢復，繼續鍛鍊。適合用藥者的訓練法，未必適合自然健身者。阿諾能夠每一組都力竭，不代表我們也該這樣做。

Dr.史考特1分鐘小叮嚀

訓練時不要每次都把身體推到極限，保留一點實力，反而能進步更多！

想增肌，蛋白質吃多少？①

蛋白質攝取有上限，多吃只是浪費？

在加入重量訓練的行列後，你是否也開始對每天該攝取多少蛋白質而斤斤計較？別人說的「蛋白質應該分餐吃」，真的有道理嗎？

我常聽人說：「人體一次最多只能吸收 20 ～ 30 公克蛋白質，吃多了只會浪費。」這也是早期健美選手喜歡少量多餐，一天吃五六頓的原因：他們需要大量的蛋白質，又怕一次吃不能完整吸收，只好分批慢慢攝取。

這個說法是否有根據？一隻雞腿吃不夠，吃第二隻會不會浪費掉了？讓我們一起來檢驗科學文獻吧！

「身體一餐只能吸收 20 克蛋白質」的由來

2009 年加拿大學者 Moore 等人招募六位男性，請他們做重量訓練後，隨即攝取 0、10、20、40 公克不等的雞蛋蛋白。接著 Moore 採取這些男

生的血液及肌肉樣本送檢，發現運動後補充蛋白質確實能提升肌肉蛋白合成速率，但 40 公克組的表現「沒有」比 20 公克組好。

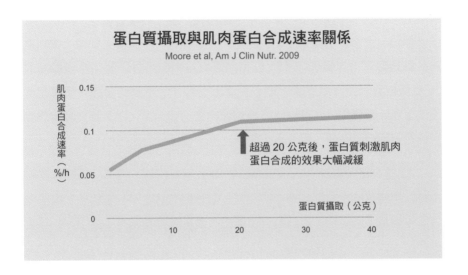

如果額外的蛋白質沒有拿去合成肌肉，那是到哪裡去了呢？ Moore 發現到 20 與 40 克組的白胺酸（Leucine）氧化速率顯著提高，換句話說，多吃下肚的蛋白質被拿去燃燒做為能量了。Moore 在文末提到：「我們推測每天 5～6 次，每次 20 公克的蛋白質最能刺激肌肉蛋白合成……過量的蛋白質會氧化燃燒掉。」

西蒙斯（Symons）等人在 2009 年的研究同樣發現，一次吃下 340 克或 113 克牛肉（分別含有 90 與 30 公克蛋白質）都能促進肌肉蛋白合成，但兩組的效益並無差別。這正是一餐 20～30 公克蛋白質的理論基礎。

一次大量吃蛋白質的思想實驗

我邀請各位讀者用想像力來做個「思想實驗」，驗證看看蛋白質是否一定要分散吃比較好。在這個實驗裡，史考特化身為原始人，在荒蕪的草原上覓食。某個深秋的下午，史考特在西邊的樹叢採集到一堆莓果。莓果雖然很多汁，但少了點野味總覺得肚子空空的。史考特到了聚落東邊的草原上，盯上了一隻兔子，拿起手中的標槍「咻」一聲就擲中了渾然不覺的小動物。這隻野兔相當肥美，史考特決定獨吞了不讓族人知道。烤熟後一股腦地吞下肚，攝取了 130 公克的蛋白質，但由於一餐最多僅能吸收 30 克蛋白質，所以剩下的 100 公克都浪費掉了。史考特接連一個月趁著沒人注意，都到同一片草原上打獵偷偷飽餐一頓。家人注意到史考特回到家總是沒胃口吃晚餐，但反正少張嘴吃飯，也沒什麼不好嘛！

　　問題來了，接連 30 天都只吸收 30 公克蛋白質，這連營養師建議的（每公斤體重 0.8 公克）一半都不到。儘管每天都吃下一隻兔子，但史考特卻變得越來越虛弱，肌肉越來越萎縮，最後連標槍都投不動了⋯⋯《全劇終》。

　　各位讀者請試想，在沒有冰箱與防腐劑的年代，蛋白質食物一定是獵捕到就要馬上吃完的。如果身體一次只能吸收 30 公克蛋白質，那麼只要不是三餐都吃得到肉，人們都會因蛋白質不足而變得虛弱不堪，甚至喪失生命。天擇可不會讓這麼笨的設計存活下來！

蛋白質分散於各餐吃，吸收效果比較好嗎？

研究 1：身體健康的女性長者

　　為了解蛋白質應該「少量多餐」或「多量少餐」，法國學者阿納爾（Arnal）在 1999 年招募了 15 位奶奶，將她們分為兩組。控制組一天四餐，平均地將蛋白質分散攝取，實驗組則將蛋白質集中在中午攝取，早餐、晚餐則少量且低蛋白。

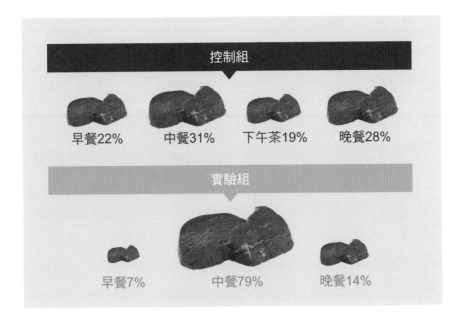

控制組

早餐22%　　中餐31%　　下午茶19%　　晚餐28%

實驗組

早餐7%　　　中餐79%　　晚餐14%

　　換算起來，實驗組的奶奶們在中午攝取了超過50公克蛋白質，照「20克定律」推斷，她們實際吸收的量應遠不及控制組。沒想到，實驗組的奶奶們在兩週間不僅沒有流失肌肉，他們吸收蛋白質的能力竟是對照組的兩倍之多＊！誰說超過50公克無法吸收的？

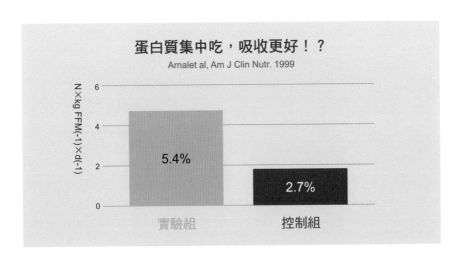

蛋白質集中吃，吸收更好！？

Arnalet al, Am J Clin Nutr. 1999

N×kg FFM(-1)×d(-1)

5.4%

2.7%

實驗組　　　　控制組

研究 2：有做重量訓練的男女族群

上述研究針對沒有運動習慣的年邁女性而做，可能無法套用在年輕健身者身上。不過別擔心，早就有人想到這個問題了。挪威學者厄于溫（Øyvind）招募了 48 名有一年以上重訓經驗的男女並分為兩組，一組人馬一天吃三餐，另一組一天吃六餐。兩組間總熱量相同，蛋白質攝取也都維持在每公斤體重 1.5 ～ 1.7 公克的量，比較符合健身族群的飲食習慣。

在實驗的 12 週裡，他們被要求每週進行四次重量訓練，每個大肌群一週訓練兩次，這菜單可不是在扮家家酒，厄于溫（Øyvind）是玩真的！以 80 公斤的受試者來說，一天至少要攝取 120 公克蛋白質，照「20 公克定律」推測，一天吃六餐應該比一天三餐長更多肌肉吧！

可惜，這篇研究再度推翻了「20 公克原則」：一天三餐組在力量與肌肉成長上，都勝過了一天六餐組。不僅肌肉增加，一天三餐組在包括握推等各項上肢力量指標，也贏過一天六餐組。

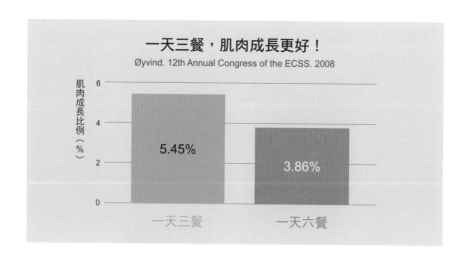

研究 3：採取間歇性斷食法的人

談論到 20 克定律，最憂心的應該就是採用間歇性斷食的讀者了。斷食法要求一天大部分的時間不能進食，蛋白質被迫被塞在短短的時間內攝取，要是無法完全吸收，那可糟糕了！

美國國家衛生研究院的學者施托雷（Stote）在 2007 年做了一篇這樣的研究，15 位男女進行兩階段的飲食試驗。在「普通階段」他們被允許一天三餐，但在「斷食階段」他們每天只能吃一頓特大號晚餐。兩階段的熱量與營養素攝取並無不同，差別僅在進食的時間被限制在晚間短短的 4 小時內。如果人體一次真的僅能吸收 20 公克蛋白質，那麼間歇性斷食應該會讓他們流失大量肌肉吧？

沒想到，在斷食的 8 週期間，間歇性斷食不僅讓他們的脂肪量下降，肌肉量甚至不減反增！

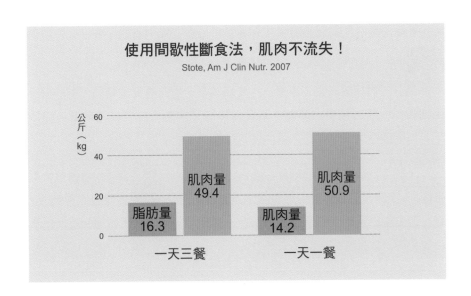

打破「20 公克定律」迷思

看來 20 公克定律真的是個迷思！本篇一開始提及的 20 公克蛋白質研究，是在吃下食物的數小時之內馬上抽血、採取檢體，來觀測肌肉的蛋白質變化。但身為肌肉狂熱份子的各位讀者，應該希望肌肉能持續的成長，而非侷限於進食後的數小時吧？

進食後的急性反應能提供我們一些資訊，但這絕對不能反映出長期的變化。就像史考特之前寫過的，只在意運動中的脂肪燃燒，卻忽略了一整天的代謝狀態，這是犯了見樹不見林的毛病。

關於「每餐蛋白質攝取上限」這個問題，大致總結如下：

●身體一次只能吸收 20 ～ 30 公克蛋白質的說法是錯誤的，即使採用多量少餐的間歇性斷食，也不必擔心蛋白質會吸收不良。

●史考特並不反對分散蛋白質攝取（例如一天六餐），但這麼做很可能沒有好處。

●每天蛋白質的總攝取量才是重點，分散或集中吃並不會造成顯著的差異。

另外，再提醒一點：高體重、高肌肉量、蛋白質需求特別大的族群，例如健美、健力選手，要靠一兩餐就攝取足夠的蛋白質非常困難（吃不下），在這種情況下，分散蛋白質可能是必要的。

（註：關於老奶奶吸收蛋白質的這篇文獻，研究者參考的依據是「氮平衡」，亦即將飲食中的氮減去尿液及糞便中的氮，估算身體是處在吸收，還是流失蛋白質的狀態。這個方法有一個缺點：我們並不能確知吸收的蛋白質是不是拿去合成肌肉了。）

Dr.史考特1分鐘小叮嚀

從以上的老奶奶、健身者以及間歇性斷食研究看來，人體是可以一次
吸收大量蛋白質的。其中的原因包括：大量的蛋白質攝取會刺激許多
消化道荷爾蒙的分泌，例如 CCK，以減緩消化的速度，讓腸胃道能慢
慢地將養分完全吸收。

高蛋白多吃無益，會從尿液排掉？

大家都知道多補充蛋白質才能長肌肉，但也有人擔心高蛋白吃多沒用，甚至對健康不利。事實為何？就從以下文獻來好好了解！

◇◇

我認為健身是「知難行也難」的事情，知難是因為有太多雜訊干擾。就算認真念完了這本書，吸收到最新的健身科學知識，如果往後每兩天就在社群媒體上看到有人說「吃蛋白質會洗腎」，在新聞上看到「練重訓會禿頭」，意志再堅強的人也會開始游移（髮線好像越來越往上了，會不會是那天蹲太多組？）。

最近我又在新聞上看到一個特大號雜訊：「花大錢買『高蛋白』，專家：過多無助健康」。

健身族群吃高蛋白，有助增肌降脂

先讓我們來回顧一下這篇新聞的重點，有運動習慣的人，蛋白質攝取太多並無幫助，因為：

● 英國衛生部建議：蛋白質男性一天攝取 55 公克，女性 45 公克，約占總熱量 11%。
● 高蛋白吃太多會從尿液排出，所以很浪費。
● 有腎臟病者吃高蛋白，會增加身體負擔。

　　這篇報導的論點錯在哪裡？且讓史考特來說分明。首先我對於「高蛋白吃多會尿掉」這句話特別有意見。依照這個邏輯，我們也可以說：

● 蔬菜別吃太多，纖維質只會變成糞便大掉。
● 水別喝太多，多餘的也只是尿掉。
● 錢別賺太多，多的也只會被通膨吃掉（被小孩敗掉、被另一半花掉，請任意填空）。

　　上述三個造句有讓各位看出問題所在嗎？問題不在蔬菜吃了會不會變成大便排掉，而是多吃蔬菜能不能促進健康。健身者要不要吃高蛋白，關鍵不在會不會從尿液中排掉，而是它能不能幫助我們增加肌肉量，降低體脂肪，而這題的答案，毫無疑問是 YES！

　　而且，正常情況下高蛋白根本不會從尿液中排出，如果你的尿中有蛋白質，請儘速到腎臟科門診就醫。

重訓者要吃多少蛋白質才足夠？

　　上述英國衛生部建議的蛋白質攝取量為男性 55 公克、女性 45 公克，換算起來約落在每公斤體重每天 0.8 ～ 1.0 公克的範圍內，而這個範圍也是許多國家的官方建議值。但這個建議值乃是根據「普通人」達成氮平衡的蛋白質攝取量而來，簡單來說，一個普通人吃少於這個量，身體就會開

始流失蛋白質，而可能產生營養匱乏。

　　而一般提供給民眾參考、避免營養不良的建議攝取值，會符合重訓族群的需求嗎？這個疑問早就有許多學者提出來討論了，且讓史考特引述其中幾篇。

　　1. 在 2007 年的回顧性論文中提到：近期對運動員所制訂的蛋白質攝取建議，多落在每天每公斤體重 1.2 ～ 1.6 公克間。

　　2. 於 1996 年發布在《營養評論（Nutrition Reviews）》的研究說：許多研究顯示運動員的蛋白質需求量較高，對力量型運動員而言，每天每公斤體重 1.7 ～ 1.8 公克間可能是必要的。

　　3. 刊載於 2004 年《營養學（Nutrition）》期刊的文獻表示：對沒有運動習慣或是中低強度有氧運動者，每公斤體重 1.0 公克可能足夠；但若是追求高表現的運動員，需求量最高可達到 1.6 公克。

一般人吃高蛋白質飲食，還有這個好處！

　　如果訓練方法不當，多餘蛋白質確實不會變成肌肉，史考特私下都戲稱只喝高蛋白不練的人是「換肉率差」。但蛋白質並不是只有增肌這個用途，2004 年發表在《美國營養學院期刊（Journal of the American College of Nutrition）》中的研究結果指出：

　　1. 蛋白質熱量約有 25% 會轉為食物生熱效應（TEF），不會被身體儲存或利用。

　　2. 蛋白質是飽足感最好的營養素，能讓人自發地降低熱量攝取。

因為上述兩點特性，高蛋白飲食在臨床實驗中有顯著減重效果，蛋白質同時也是最難被轉化為體脂肪儲存的營養素。就算完全不運動，高蛋白質飲食仍能產生體重控制的效用，並不只是尿掉而已。

我還是要不厭其煩地提醒，高蛋白飲食不會傷害腎臟，適合沒有腎臟疾病的健康人。但如果您有腎臟病，請不要使用高蛋白飲食，這是我唯一認同這篇新聞的一點。如果不確定自己有沒有腎臟問題，很簡單，到附近的家醫科門診自費抽血檢驗，快速、便宜又安心。

我的爸爸常說：「方向比速度更重要。」只要方向對了，就算前進的速度像烏龜一般，總有一天會到達終點。因此錯誤資訊的破壞力極大，它讓無數人往錯誤的方向前進，而永遠到不了目的地。

Dr.史考特1分鐘小叮嚀

對於本身無腎臟疾病的健康族群而言，不管是為了減重或是健身需求，高蛋白飲食都能發揮作用，也不會對腎臟功能造成負面影響。

喝心酸還是真有效？
正確認識乳清蛋白

不少運動健身族群都在喝乳清蛋白，但是它到底有沒有效？效果又有多好呢？這篇將用科學替大家解惑！

市面上健身相關的營養品百百種，從增肌、燃脂、重振雄風到增進腦力的都有，五花八門的廣告詞讓人不禁懷疑，這些東西真的有用嗎？

健身是個緩慢的過程，即使身處「新手蜜月期」的初學者，也需要好幾個月時間鍛鍊，才會被親友誇說身材有進步、是不是變壯了……。

但隨著健身資歷超過 3～5 年後，進步的幅度也會趨緩，「邊際效益遞減」的定律無所不在（嘆）。

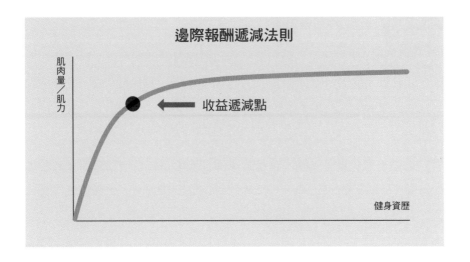

邊際報酬遞減法則

肌肉量／肌力

收益遞減點

健身資歷

正因為健身營養品的效果不是立竿見影，一般人實在很難有一個客觀的方法來評估它們的效用。目前市面上賣最好的營養品就是乳清蛋白，喝乳清到底有沒有效？會不會喝了半天都是喝心酸？本篇引用 2016 年發表在《英國運動醫學期刊（British Journal of Sports Medicine）》上的統合研究來做深入分析。

補充乳清蛋白效果如何？ 49 篇研究這樣說

首先介紹一下什麼是統合研究。如果「科學現象」是坐在學校教室裡的學生，「科學研究」就像是隨堂、期中、期末考。老師用考試來評估學生的程度好壞，就好像「科學家」用研究來探索自然現象的內涵。不過，馬有失蹄、人有失足，一位學生的資質再好，也不太可能每次都考 100 分，僅用一次的考試成績來評估一位學生，是不公平的。

研究自然現象也是一樣，科學研究因為設計、分析、參加者、甚至機率的因素，結果總是會有些不一致的。所以，只拿一篇研究就想鐵口直

斷回答科學問題，往往會失準。

　　而統合性研究就是把針對同一個科學問題的類似研究，數據整合起來一起分析，得出一個具整體性，代表性的結果。就像我們把一位學生過去三年的期中、期末考成績放在一起平均，比較能準確地評估出他的學業成績。

　　言歸正傳，這是一篇「重量級」的乳清蛋白統合性研究，學者整理出來自 17 個國家，在 1962 ～ 2016 年間的 49 篇研究，來看看乳清蛋白對於肌力、肌肉量到底有沒有幫助？

　　答案公佈，乳清蛋白有效！有喝乳清蛋白的重訓者比起沒喝者，在平均三個月的訓練期間最大肌力多進步了 2.5 公斤、肌肉多長了 0.3 公斤、脂肪量也低了 0.4 公斤。乳清蛋白真的有效，但有喝沒喝絕不是天與地的差別，那些言過其實的廣告文案，該打屁股了。

怎麼喝最好？你不可不知的乳清蛋白

　　對於增肌來說，訓練的重要性本來就遠高於營養品。史考特常被問要吃什麼才會變壯？我第一時間都反問：「你的訓練量真的夠嗎？」如果訓練還不到位，根本不需要去想營養品。此外，乳清蛋白是所有營養品中效果最明確，也被研究得最透徹。如果乳清蛋白的效果是如此，其他的營養品效果如何，大家心裡應該有個底了。

　　上述研究還包括了另外三個觀察重點：

1. 重量訓練的老鳥，喝乳清效益更大。

　　所謂「新手蜜月期」是指初學者因身體從未接受過訓練刺激，隨便練、隨便吃都會變壯。但過了蜜月期後進步幅度趨緩，此時就需要設計良

好的訓練計畫，以及充足的蛋白質及熱量攝取，才能持續進步。

2. 年紀越大，乳清的效果越差。

隨著年齡增加，蛋白質吸收消化及刺激肌肉生長的能力會變差，這個現象在醫學上的專有名詞叫「合成代謝阻抗」（Anabolic resistance）。針對合成代謝阻抗的因應之道，是增加老年人的蛋白質攝取與訓練量。害怕重量訓練、蛋白質吃不夠，都會加劇老年人的肌肉流失。

3. 喝越多不會越好。

本篇研究的次分析顯示，蛋白質補充一旦超過每公斤體重 1.6 公克以上的量，並不會帶來額外的好處，所以乳清不是喝越多越好喲！

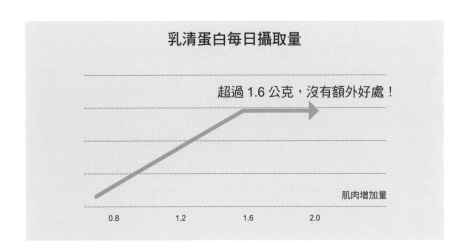

Dr.史考特1分鐘小叮嚀

乳清蛋白真的有效，我自己也是愛用者。但提醒各位讀者，增肌和減脂的重點剛好相反，減脂是八分吃兩分練，增肌則是兩分吃八分練。想光靠營養品長肌肉，只怕會傷了荷包又徒勞無功喲！

喝乳清蛋白長肌肉？②

不健身只喝乳清，
也能增肌長肉嗎？

肌肉的生長需要利用蛋白質來當作原料，那麼不運動、不訓練的情況下，買高蛋白來喝會有用嗎？

現代人工作忙碌且生活壓力大，長期規律訓練實在不是件容易的事。史考特常常被上班族讀者問到，年過 30 自覺手臂大腿的肉有些鬆垮，沒時間運動的話，是不是可以買一些高蛋白喝，多少補救一下？也有年長者擔心肌少症，問我吃高蛋白有沒有幫助？

沒做肌力訓練，就算喝了也不會長肌肉

針對以上問題，2019 年的《營養學進展（Advances in Nutrition）》期刊提供了答案。美國學者將 22 筆已發表的科學數據做統整性的分析，發現有做重訓的人喝乳清，能練出更發達的肌肉。但沒有重訓的人喝乳清，其實並不會長出肌肉來。

　　健身愛好者常說「減脂是八分吃兩分練，但增肌則是八分練兩分吃」，剛好相反。

　　重量訓練會對身體發出「讓肌肉再次偉大」的訊號，指揮身體打造更粗的肌纖維、更紮實的骨骼，才能扛住下次訓練的壓力。既然建築物需要翻新整修，勢必得有充足的原物料，所以承包商就得到處蒐集鋼筋、水泥、木材來蓋房子。喝乳清蛋白就像在工地堆放大量的建築材料，讓身體順利蓋出宏偉的高樓。

　　沒有做重量訓練的人，身體並不認為自己需要「再次偉大」，也沒有蓋新房子的計畫。就算把鋼筋水泥堆得到處都是，它們也不會自動組裝起來，變成漂亮的新屋。

　　沒有訓練的人想靠高蛋白增肌，是徒勞無功的。即使半吊子的重量訓練，效果都會比每天一杯乳清蛋白來得好。

Dr.史考特1分鐘小叮嚀

單單想靠著多吃蛋白質或飲用乳清蛋白，就能直接讓肌肉變大，是非常不切實際的。運動，才是增長肌肉的重要關鍵。

參考資料

1. 學術文獻

Abe, T., Dabbs, N. C., Nahar, V. K., Ford, M. A., Bass, M. A., & Loftin, M. (2013). Relationship between dual-energy X-ray absorptiometry-derived appendicular lean tissue mass and total body skeletal muscle mass estimated by ultrasound.Int J Clin Med. 2013 June; 4(6):283-286. doi:10.4236/ijcm.2013.46049.
https://doi.org/10.4236/ijcm.2013.46049

Ahtiainen, J. P., Walker, S., Peltonen, H., Holviala, J., Sillanpää, E., Karavirta, L., ... & Häkkinen, K. (2016). Heterogeneity in resistance training-induced muscle strength and mass responses in men and women of different ages. Age (Dordr). 2016 Feb;38(1):10. doi: 10.1007/s11357-015-9870-1. Epub 2016 Jan 15.
https://doi.org/10.1007/s11357-015-9870-1

Arnal, M. A., Mosoni, L., Boirie, Y., Houlier, M. L., Morin, L., Verdier, E., ... & Mirand, P. P. (1999). Protein pulse feeding improves protein retention in elderly women. Am J Clin Nutr. 1999 Jun;69(6):1202-8. doi: 10.1093/ajcn/69.6.1202.
https://doi.org/10.1093/ajcn/69.6.1202

Barr, S., & Wright, J. (2010). Postprandial energy expenditure in whole-food and processed-food meals: implications for daily energy expenditure. Food Nutr Res. 2010 Jul 2;54. doi: 10.3402/fnr.v54i0.5144.
https://doi.org/10.3402/fnr.v54i0.5144

Baumeister, R. F., Bratslavsky, E., Muraven, M., & Tice, D. M. (1998). Ego depletion: Is the active self a limited resource?. J Pers Soc Psychol. 1998 May;74(5):1252-65. doi: 10.1037//0022-3514.74.5.1252.
https://doi.org/10.1037//0022-3514.74.5.1252

Bhasin, S., Storer, T. W., Berman, N., Callegari, C., Clevenger, B., Phillips, J., ... & Casaburi, R. (1996). The effects of supraphysiologic doses of testosterone on muscle size and strength in normal men. N Engl J Med. 1996 Jul 4;335(1):1-7. doi: 10.1056/NEJM199607043350101.
https://doi.org/10.1056/NEJM199607043350101

Bhutani, S., Klempel, M. C., Berger, R. A., & Varady, K. A. (2010). Improvements in coronary heart disease risk indicators by alternate day fasting involve adipose tissue modulations. Obesity (Silver Spring). 2010 Nov;18(11):2152-9. doi: 10.1038/oby.2010.54. Epub 2010 Mar 18.
https://doi.org/10.1038/oby.2010.54

Blaak, E. (2001). Gender differences in fat metabolism. Curr Opin Clin Nutr Metab Care. 2001 Nov;4(6):499-502. doi: 10.1097/00075197-200111000-00006.
https://doi.org/10.1097/00075197-200111000-00006

Blair, S. N., Kohl, H. W., Paffenbarger, R. S., Clark, D. G., Cooper, K. H., & Gibbons, L. W. (1989). Physical fitness and all-cause mortality: a prospective study of healthy men and women. JAMA. 1989 Nov 3;262(17):2395-401. doi: 10.1001/jama.1989.03430170057028.
https://doi.org/10.1001/jama.1989.03430170057028

Brinkworth, G. D., Noakes, M., Buckley, J. D., Keogh, J. B., & Clifton, P. M. (2009). Long-term effects of a very-low-carbohydrate weight loss diet compared with an isocaloric low-fat diet after 12 mo. Am J Clin Nutr. 2009 Jul;90(1):23-32. doi: 10.3945/ajcn.2008.27326. Epub 2009 May 13.
https://doi.org/10.3945/ajcn.2008.27326

Byrne, N. M., Sainsbury, A., King, N. A., Hills, A. P., & Wood, R. E. (2018). Intermittent energy restriction improves weight loss efficiency in obese men: the MATADOR study. Int J Obes (Lond). 2018 Feb;42(2):129-138. doi: 10.1038/ijo.2017.206. Epub 2017 Aug 17.
https://doi.org/10.1038/ijo.2017.206

Campbell, W. W., Barton Jr, M. L., Cyr-Campbell, D., Davey, S. L., Beard, J. L., Parise, G., & Evans, W. J. (1999). Effects of an omnivorous diet compared with a lactoovovegetarian diet on resistance-training-induced changes in body composition and skeletal muscle in older men. Am J Clin Nutr. 1999 Dec;70(6):1032-9. doi: 10.1093/ajcn/70.6.1032.
https://doi.org/10.1093/ajcn/70.6.1032

Carroll, K. M., Bazyler, C. D., Bernards, J. R., Taber, C. B., Stuart, C. A., DeWeese, B. H., ... & Stone, M. H. (2019). Skeletal muscle fiber adaptations following resistance training using repetition maximums or relative intensity. Sports (Basel). 2019 Jul 11;7(7):169. doi: 10.3390/sports7070169.
https://doi.org/10.3390/sports7070169

Carroll, K. M., Bernards, J. R., Bazyler, C. D., Taber, C. B., Stuart, C. A., DeWeese, B. H., ... & Stone, M. H. (2019). Divergent performance outcomes following resistance training using repetition maximums or relative intensity. Int J Sports Physiol Perform. 2018 May 29;1-28. doi: 10.1123/ijspp.2018-0045.
https://doi.org/10.1123/ijspp.2018-0045

Chen, C. W., Lin, C. T., Lin, Y. L., Lin, T. K., & Lin, C. L. (2011). Taiwanese female vegetarians have lower lipoprotein-associated phospholipase A2 compared with omnivores. Yonsei Med J. 2011 Jan;52(1):13-9. doi: 10.3349/ymj.2011.52.1.13.
https://doi.org/doi: 10.3349/ymj.2011.52.1.13

Chtourou, H., & Souissi, N. (2012). The effect of training at a specific time of day: a review. J Strength Cond Res. 2012 Jul;26(7):1984-2005. doi: 10.1519/JSC.0b013e31825770a7.
https://doi.org/10.1519/JSC.0b013e31825770a7

Cioffi, I., Evangelista, A., Ponzo, V., Ciccone, G., Soldati, L., Santarpia, L., ... & Bo, S. (2018). Intermittent versus continuous energy restriction on weight loss and cardiometabolic outcomes: a systematic review and meta-analysis of randomized controlled trials. J Transl Med. 2018 Dec 24;16(1):371. doi: 10.1186/s12967-018-1748-4.
https://doi.org/10.1186/s12967-018-1748-4

Colberg, S. R., Sigal, R. J., Yardley, J. E., Riddell, M. C., Dunstan, D. W., Dempsey, P. C., ... & Tate, D. F. (2016). Physical activity/exercise and diabetes: a position statement of the American Diabetes Association. Diabetes Care. 2016 Nov;39(11):2065-2079. doi: 10.2337/dc16-1728.
https://doi.org/10.2337/dc16-1728

Dibble, L. E., Hale, T. F., Marcus, R. L., Gerber, J. P., & LaStayo, P. C. (2009). High intensity eccentric resistance training decreases bradykinesia and improves quality of life in persons with Parkinson's disease: a preliminary study. Parkinsonism Relat Disord. 2009 Dec;15(10):752-7. doi: 10.1016/j.parkreldis.2009.04.009. Epub 2009 Jun 3.
https://doi.org/10.1016/j.parkreldis.2009.04.009

Feinman, R. D., Pogozelski, W. K., Astrup, A., Bernstein, R. K., Fine, E. J., Westman, E. C., ... & Worm, N. (2015). Dietary carbohydrate restriction as the first approach in diabetes management: critical review and evidence base. Nutrition. 2015 Jan;31(1):1-13. doi: 10.1016/j.nut.2014.06.011. Epub 2014 Jul 16.

https://doi.org/10.1016/j.nut.2014.06.011

Flausino, N. H., Da Silva Prado, J. M., de Queiroz, S. S., Tufik, S., & de Mello, M. T. (2012). Physical exercise performed before bedtime improves the sleep pattern of healthy young good sleepers. Psychophysiology. 2012 Feb;49(2):186-92. doi: 10.1111/j.1469-8986.2011.01300.x. Epub 2011 Oct 6.
https://doi.org/10.1111/j.1469-8986.2011.01300.x

Foster, G. D., Wyatt, H. R., Hill, J. O., Makris, A. P., Rosenbaum, D. L., Brill, C., ... & Klein, S. (2010). Weight and metabolic outcomes after 2 years on a low-carbohydrate versus low-fat diet: a randomized trial. Ann Intern Med. 2010 Aug 3;153(3):147-57. doi: 10.7326/0003-4819-153-3-201008030-00005.
https://doi.org/10.7326/0003-4819-153-3-201008030-00005

Fothergill, E., Guo, J., Howard, L., Kerns, J. C., Knuth, N. D., Brychta, R., ... & Hall, K. D. (2016). Persistent metabolic adaptation 6 years after "The Biggest Loser" competition. Obesity (Silver Spring). 2016 Aug;24(8):1612-9. doi: 10.1002/oby.21538. Epub 2016 May 2.
https://doi.org/10.1002/oby.21538

Franco, L. P., Morais, C. C., & Cominetti, C. (2016). Normal-weight obesity syndrome: diagnosis, prevalence, and clinical implications. Nutr Rev. 2016 Sep;74(9):558-70. doi: 10.1093/nutrit/nuw019. Epub 2016 Jul 29.
https://doi.org/10.1093/nutrit/nuw019

Frontera, W. R., Meredith, C. N., O'Reilly, K. P., Knuttgen, H. G., & Evans, W. J. (1988). Strength conditioning in older men: skeletal muscle hypertrophy and improved function. J Appl Physiol (1985). 1988 Mar;64(3):1038-44. doi: 10.1152/jappl.1988.64.3.1038.
https://doi.org/10.1152/jappl.1988.64.3.1038

Ge, L., Sadeghirad, B., Ball, G. D., da Costa, B. R., Hitchcock, C. L., Svendrovski, A., ... & Johnston, B. C. (2020). Comparison of dietary macronutrient patterns of 14 popular named dietary programmes for weight and cardiovascular risk factor reduction in adults: systematic review and network meta-analysis of randomised trials. BMJ. 2020 Apr 1;369:m696. doi: 10.1136/bmj.m696.
https://doi.org/10.1136/bmj.m696

Gibson, A. A., Seimon, R. V., Lee, C. M., Ayre, J., Franklin, J., Markovic, T. P., ... &

Sainsbury, A. (2015). Do ketogenic diets really suppress appetite? A systematic review and meta analysis. Obes Rev. 2015 Jan;16(1):64-76. doi: 10.1111/obr.12230. Epub 2014 Nov 17. https://doi.org/10.1111/obr.12230

Gordon, B. R., McDowell, C. P., Hallgren, M., Meyer, J. D., Lyons, M., & Herring, M. P. (2018). Association of efficacy of resistance exercise training with depressive symptoms: meta-analysis and meta-regression analysis of randomized clinical trials. JAMA Psychiatry. 2018 Jun 1;75(6):566-576. doi: 10.1001/jamapsychiatry.2018.0572. https://doi.org/10.1001/jamapsychiatry.2018.0572

Gwartney, D., Allison, A., Pastuszak, A. W., Canales, S., Stoll, W. T., Lindgren, M. C., ... & Lipshultz, L. I. (2016). MP47-17 RATES OF MORTALITY ARE HIGHER AMONG PROFESSIONAL MALE BODYBUILDERS. J Urol. 2016 April;195(4S), e633-e633.doi: 10.1016/j.juro.2016.02.336. https://doi.org/10.1016/j.juro.2016.02.336

Haghighat, N., Ashtary-Larky, D., Bagheri, R., Mahmoodi, M., Rajaei, M., Alipour, M., ... & Wong, A. (2020). The effect of 12 weeks of euenergetic high-protein diet in regulating appetite and body composition of women with normal-weight obesity: a randomised controlled trial. Br J Nutr. 2020 Nov 28;124(10):1044-1051. doi: 10.1017/S0007114520002019. Epub 2020 Jun 9. https://doi.org/10.1017/S0007114520002019

Hall, K. D., Ayuketah, A., Brychta, R., Cai, H., Cassimatis, T., Chen, K. Y., ... & Zhou, M. (2019). Ultra-processed diets cause excess calorie intake and weight gain: an inpatient randomized controlled trial of ad libitum food intake. Cell Metab. 2019 Jul 2;30(1):67-77.e3. doi: 10.1016/j.cmet.2019.05.008. Epub 2019 May 16. https://doi.org/10.1016/j.cmet.2019.05.008

Halton, T. L., & Hu, F. B. (2004). The effects of high protein diets on thermogenesis, satiety and weight loss: a critical review. J Am Coll Nutr. 2004 Oct;23(5):373-85. doi: 10.1080/07315724.2004.10719381. https://doi.org/10.1080/07315724.2004.10719381

Hartman, J. W., Tang, J. E., Wilkinson, S. B., Tarnopolsky, M. A., Lawrence, R. L., Fullerton, A. V., & Phillips, S. M. (2007). Consumption of fat-free fluid milk after resistance exercise promotes greater lean mass accretion than does consumption of soy or carbohydrate in young, novice, male weightlifters. Am J Clin Nutr. 2007 Aug;86(2):373-81. doi: 10.1093/ajcn/86.2.373.

https://doi.org/10.1093/ajcn/86.2.373

Hashim, S. A., & Van Itallie, T. B. (1965). Studies in normal and obese subjects with a monitored food dispensing device. Ann N Y Acad Sci. 1965 Oct 8;131(1):654-61. doi: 10.1111/j.1749-6632.1965.tb34828.x.

https://doi.org/10.1111/j.1749-6632.1965.tb34828.x

Higgs, S., Williamson, A. C., Rotshtein, P., & Humphreys, G. W. (2008). Sensory-specific satiety is intact in amnesics who eat multiple meals. Psychol Sci. 2008 Jul;19(7):623-8. doi: 10.1111/j.1467-9280.2008.02132.x.

https://doi.org/10.1111/j.1467-9280.2008.02132.x

Ho, K. Y., Veldhuis, J. D., Johnson, M. L., Furlanetto, R., Evans, W. S., Alberti, K. G., & Thorner, M. O. (1988). Fasting enhances growth hormone secretion and amplifies the complex rhythms of growth hormone secretion in man. J Clin Invest. 1988 Apr;81(4):968-75. doi: 10.1172/JCI113450.

https://doi.org/doi: 10.1172/JCI113450

Hudson, J. L., Wang, Y., Bergia III, R. E., & Campbell, W. W. (2020). Protein intake greater than the RDA differentially influences whole-body lean mass responses to purposeful catabolic and anabolic stressors: a systematic review and meta-analysis. Adv Nutr. 2020 May 1;11(3):548-558. doi: 10.1093/advances/nmz106.

https://doi.org/10.1093/advances/nmz106

James, R., James, L. J., Claytona, D. J.(2020) Anticipation of 24h severe energy restriction increases energy intake and reduces physical activity energy expenditure in the prior 24h, in healthy males. Appetite. 2020 Sep 1;152:104719. doi: 10.1016/j.appet.2020.104719. Epub 2020 Apr 26. https://doi.org/10.1016/j.appet.2020.104719

Jankowska, E. A., Wegrzynowska, K., Superlak, M., Nowakowska, K., Lazorczyk, M., Biel, B., ... & Ponikowski, P. (2008). The 12-week progressive quadriceps resistance training improves muscle strength, exercise capacity and quality of life in patients with stable chronic heart failure. Int J Cardiol. 2008 Oct 30;130(1):36-43. doi: 10.1016/j.ijcard.2007.07.158. Epub 2007 Dec 4.

https://doi.org/10.1016/j.ijcard.2007.07.158

Janssen, I., Heymsfield, S. B., Wang, Z., & Ross, R. (2000). Skeletal muscle mass and distribution in 468 men and women aged 18–88 yr. J Appl Physiol (1985). 2000 Jul;89(1):81-8. doi: 10.1152/jappl.2000.89.1.81.
https://doi.org/10.1152/jappl.2000.89.1.81

Keating, S. E., Hackett, D. A., Parker, H. M., O' Connor, H. T., Gerofi, J. A., Sainsbury, A., ... & Johnson, N. A. (2015). Effect of aerobic exercise training dose on liver fat and visceral adiposity. J Hepatol. 2015 Jul;63(1):174-82. doi: 10.1016/j.jhep.2015.02.022. Epub 2015 Apr 8.
https://doi.org/10.1016/j.jhep.2015.02.022

Keenan, S., Cooke, M. B., & Belski, R. (2020). The Effects of Intermittent Fasting Combined with Resistance Training on Lean Body Mass: A Systematic Review of Human Studies. Nutrients. 2020 Aug 6;12(8):2349. doi: 10.3390/nu12082349.
https://doi.org/10.3390/nu12082349

Kempner, W., Newborg, B. C., Peschel, R. L., & Skyler, J. S. (1975). Treatment of massive obesity with rice/reduction diet program: an analysis of 106 patients with at least a 45-kg weight loss. Arch Intern Med. 1975 Dec;135(12):1575-84. doi:10.1001/archinte.1975.00330120053008.
https://doi.org/10.1001/archinte.1975.00330120053008

Klein, S., Fontana, L., Young, V. L., Coggan, A. R., Kilo, C., Patterson, B. W., & Mohammed, B. S. (2004). Absence of an effect of liposuction on insulin action and risk factors for coronary heart disease. N Engl J Med. 2004 Jun 17;350(25):2549-57. doi: 10.1056/NEJMoa033179.
https://doi.org/10.1056/NEJMoa033179

Kristensen, J., & Franklyn-Miller, A. (2012). Resistance training in musculoskeletal rehabilitation: a systematic review. Br J Sports Med. 2012 Aug;46(10):719-26. doi: 10.1136/bjsm.2010.079376. Epub 2011 Jul 26.
https://doi.org/10.1136/bjsm.2010.079376

Küüsmaa, M., Schumann, M., Sedliak, M., Kraemer, W. J., Newton, R. U., Malinen, J. P., ... & Häkkinen, K. (2016). Effects of morning versus evening combined strength and endurance training on physical performance, muscle hypertrophy, and serum hormone concentrations. Appl Physiol Nutr Metab. 2016 Dec;41(12):1285-1294. doi: 10.1139/apnm-2016-0271.
https://doi.org/10.1139/apnm-2016-0271

Lee, D. C., Artero, E. G., Sui, X., & Blair, S. N. (2010). Mortality trends in the general population: the importance of cardiorespiratory fitness. J Psychopharmacol. 2010 Nov;24(4 Suppl):27-35. doi: 10.1177/1359786810382057.
https://doi.org/10.1177/1359786810382057

Lemon, P. W. (1996). Is increased dietary protein necessary or beneficial for individuals with a physically active lifestyle?. Nutr Rev. 1996 Apr;54(4 Pt 2):S169-75. doi: 10.1111/j.1753-4887.1996.tb03913.x.
https://doi.org/10.1111/j.1753-4887.1996.tb03913.x

Leong, D. P., Teo, K. K., Rangarajan, S., Lopez-Jaramillo, P., Avezum Jr, A., Orlandini, A., ... & Yusuf, S. (2015). Prognostic value of grip strength: findings from the Prospective Urban Rural Epidemiology (PURE) study. Lancet. 2015 Jul 18;386(9990):266-73. doi: 10.1016/S0140-6736(14)62000-6. Epub 2015 May 13.
https://doi.org/10.1016/S0140-6736(14)62000-6

Levine, M. E., Suarez, J. A., Brandhorst, S., Balasubramanian, P., Cheng, C. W., Madia, F., ... & Longo, V. D. (2014). Low protein intake is associated with a major reduction in IGF-1, cancer, and overall mortality in the 65 and younger but not older population. Cell Metab. 2014 Mar 4;19(3):407-17. doi: 10.1016/j.cmet.2014.02.006.
https://doi.org/doi: 10.1016/j.cmet.2014.02.006

Levinger, I., Goodman, C., Hare, D. L., Jerums, G., & Selig, S. (2007). The effect of resistance training on functional capacity and quality of life in individuals with high and low numbers of metabolic risk factors. Diabetes Care. 2007 Sep;30(9):2205-10. doi: 10.2337/dc07-0841. Epub 2007 Jun 11.
https://doi.org/10.2337/dc07-0841

Lichtman, S. W., Pisarska, K., Berman, E. R., Pestone, M., Dowling, H., Offenbacher, E., ... & Heymsfield, S. B. (1992). Discrepancy between self-reported and actual caloric intake and exercise in obese subjects. N Engl J Med. 1992 Dec 31;327(27):1893-8. doi: 10.1056/NEJM199212313272701.
https://doi.org/10.1056/NEJM199212313272701

Liu-Ambrose, T., Nagamatsu, L. S., Graf, P., Beattie, B. L., Ashe, M. C., & Handy, T. C. (2010). Resistance training and executive functions: a 12-month randomized controlled trial. Arch Intern Med. 2010 Jan 25;170(2):170-8. doi: 10.1001/archinternmed.2009.494.

https://doi.org/10.1001/archinternmed.2009.494

Li, Z., Wong, A., Henning, S. M., Zhang, Y., Jones, A., Zerlin, A., ... & Heber, D. (2013). Hass avocado modulates postprandial vascular reactivity and postprandial inflammatory responses to a hamburger meal in healthy volunteers. Food Funct. 2013 Feb 26;4(3):384-91. doi: 10.1039/c2fo30226h.
https://doi.org/doi: 10.1039/c2fo30226h

Lopez, P., Pinto, R. S., Radaelli, R., Rech, A., Grazioli, R., Izquierdo, M., & Cadore, E. L. (2018). Benefits of resistance training in physically frail elderly: a systematic review. Aging Clin Exp Res. 2018 Aug;30(8):889-899. doi: 10.1007/s40520-017-0863-z. Epub 2017 Nov 29.
https://doi.org/10.1007/s40520-017-0863-z

Mantantzis, K., Schlaghecken, F., Sünram-Lea, S. I., & Maylor, E. A. (2019). Sugar rush or sugar crash? A meta-analysis of carbohydrate effects on mood. Neurosci Biobehav Rev. 2019 Jun;101:45-67. doi: 10.1016/j.neubiorev.2019.03.016. Epub 2019 Apr 3.
https://doi.org/10.1016/j.neubiorev.2019.03.016

Marzolini, S., Oh, P. I., & Brooks, D. (2012). Effect of combined aerobic and resistance training versus aerobic training alone in individuals with coronary artery disease: a meta-analysis. Eur J Prev Cardiol. 2012 Feb;19(1):81-94. doi: 10.1177/1741826710393197. Epub 2011 Feb 21.
https://doi.org/10.1177/1741826710393197

Millward, D. J., Layman, D. K., Tomé D., Schaafsma G.(2008) Protein quality assessment: impact of expanding understanding of protein and amino acid needs for optimal health. Am J Clin Nutr. 2008 May;87(5):1576S-1581S. doi: 10.1093/ajcn/87.5.1576S.
https://doi.org/10.1093/ajcn/87.5.1576S

M. J. (2011). Evaluation of specific metabolic rates of major organs and tissues: comparison between men and women. Am J Hum Biol. May-Jun 2011;23(3):333-8. doi: 10.1002/ajhb.21137. Epub 2010 Dec 22.
https://doi.org/10.1002/ajhb.21137

Moore, D. R., Robinson, M. J., Fry, J. L., Tang, J. E., Glover, E. I., Wilkinson, S. B., ... & Phillips, S. M. (2009). Ingested protein dose response of muscle and albumin protein synthesis

after resistance exercise in young men. Am J Clin Nutr. 2009 Jan;89(1):161-8. doi: 10.3945/ ajcn.2008.26401. Epub 2008 Dec 3.
https://doi.org/10.3945/ajcn.2008.26401

Morán-Navarro, R., Pérez, C. E., Mora-Rodríguez, R., de la Cruz-Sánchez, E., González-Badillo, J. J., Sanchez-Medina, L., & Pallarés, J. G. (2017). Time course of recovery following resistance training leading or not to failure. Eur J Appl Physiol. 2017 Dec;117(12):2387-2399. doi: 10.1007/s00421-017-3725-7. Epub 2017 Sep 30.
https://doi.org/10.1007/s00421-017-3725-7

Moro, T., Tinsley, G., Bianco, A., Marcolin, G., Pacelli, Q. F., Battaglia, G., ... & Paoli, A. (2016). Effects of eight weeks of time-restricted feeding (16/8) on basal metabolism, maximal strength, body composition, inflammation, and cardiovascular risk factors in resistance-trained males. J Transl Med. 2016 Oct 13;14(1):290. doi: 10.1186/s12967-016-1044-0.
https://doi.org/10.1186/s12967-016-1044-0

Morton, R. W., Murphy, K. T., McKellar, S. R., Schoenfeld, B. J., Henselmans, M., Helms, E., ... & Phillips, S. M. (2018). A systematic review, meta-analysis and meta-regression of the effect of protein supplementation on resistance training-induced gains in muscle mass and strength in healthy adults. Br J Sports Med. 2018 Mar;52(6):376-384. doi: 10.1136/ bjsports-2017-097608. Epub 2017 Jul 11.
https://doi.org/10.1136/bjsports-2017-097608

Mullee, A., Romaguera, D., Pearson-Stuttard, J., Viallon, V., Stepien, M., Freisling, H., ... & Murphy, N. (2019). Association between soft drink consumption and mortality in 10 European countries. JAMA Intern Med. 2019 Sep 3;e192478. doi: 10.1001/jamainternmed.2019.2478. Online ahead of print.
https://doi.org/10.1001/jamainternmed.2019.2478

Myllymäki, T., Kyröläinen, H., Savolainen, K., Hokka, L., Jakonen, R., Juuti, T., ... & Rusko, H. (2011). Effects of vigorous late night exercise on sleep quality and cardiac autonomic activity. J Sleep Res. 2011 Mar;20(1 Pt 2):146-53. doi: 10.1111/j.1365-2869.2010.00874.x.
https://doi.org/10.1111/j.1365-2869.2010.00874.x

Nielsen, T. S., Jessen, N., Jørgensen, J. O. L., Møller, N., & Lund, S. (2014). Dissecting adipose tissue lipolysis: molecular regulation and implications for metabolic disease. J Mol Endocrinol. 2014 Jun;52(3):R199-222. doi: 10.1530/JME-13-0277. Epub 2014 Feb 27.

https://doi.org/10.1530/JME-13-0277

Nindl, B. C., Harman, E. A., Marx, J. O., Gotshalk, L. A., Frykman, P. N., Lammi, E., ... & Kraemer, W. J. (2000). Regional body composition changes in women after 6 months of periodized physical training. J Appl Physiol (1985). 2000 Jun;88(6):2251-9. doi: 10.1152/jappl.2000.88.6.2251.
https://doi.org/10.1152/jappl.2000.88.6.2251

Olsson, K. E., & Saltin, B. (1970). Variation in total body water with muscle glycogen changes in man. Acta Physiol Scand. 1970 Sep;80(1):11-8. doi: 10.1111/j.1748-1716.1970.tb04764.x.
https://doi.org/10.1111/j.1748-1716.1970.tb04764.x

Panayotov, V. S. (2019). Studying a Possible Placebo Effect of an Imaginary Low-Calorie Diet. Frontiers in psychiatry . 2019 Jul 30;10:550. doi: 10.3389/fpsyt.2019.00550. eCollection 2019.
https://doi.org/10.3389/fpsyt.2019.00550

Phillips, S. M., Moore, D. R., & Tang, J. E. (2007). A critical examination of dietary protein requirements, benefits, and excesses in athletes. Int J Sport Nutr Exerc Metab. 2007 Aug;17 Suppl:S58-76. doi: 10.1123/ijsnem.17.s1.s58.
https://doi.org/10.1123/ijsnem.17.s1.s58

Pickering, C., & Kiely, J. (2019). Do non-responders to exercise exist—and if so, what should we do about them?. Sports Med. 2019 Jan;49(1):1-7. doi: 10.1007/s40279-018-01041-1.
https://doi.org/10.1007/s40279-018-01041-1

Poehlman, E. T., Dvorak, R. V., DeNino, W. F., Brochu, M., & Ades, P. A. (2000). Effects of resistance training and endurance training on insulin sensitivity in nonobese, young women: a controlled randomized trial. J Clin Endocrinol Metab. 2000 Jul;85(7):2463-8. doi: 10.1210/jcem.85.7.6692.
https://doi.org/10.1210/jcem.85.7.6692

Raynor, H. A., & Vadiveloo, M. (2018). Understanding the relationship between food variety, food intake, and energy balance. Curr Obes Rep. 2018 Mar;7(1):68-75. doi: 10.1007/s13679-018-0298-7.
https://doi.org/10.1007/s13679-018-0298-7

Rolls, E. T. (2006). Brain mechanisms underlying flavour and appetite. Philos Trans R Soc Lond B Biol Sci. 2006 Jul 29; 361(1471): 1123–1136.doi: 10.1098/rstb.2006.1852 https://doi.org/10.1098/rstb.2006.1852

Sahoo, K., Sahoo, B., Choudhury, A. K., Sofi, N. Y., Kumar, R., & Bhadoria, A. S. (2015). Childhood obesity: causes and consequences. J Family Med Prim Care. Apr-Jun 2015;4(2):187-92. doi: 10.4103/2249-4863.154628. https://doi.org/10.4103/2249-4863.154628

Samuel, D., Rowe, P., Hood, V., & Nicol, A. (2012). The relationships between muscle strength, biomechanical functional moments and health-related quality of life in non-elite older adults. Age Ageing. 2012 Mar;41(2):224-30. doi: 10.1093/ageing/afr156. Epub 2011 Nov 28. https://doi.org/10.1093/ageing/afr156

Sasaki, H., Kasagi, F., Yamada, M., & Fujita, S. (2007). Grip strength predicts cause-specific mortality in middle-aged and elderly persons. Am J Med. 2007 Apr;120(4):337-42. doi: 10.1016/j.amjmed.2006.04.018. https://doi.org/10.1016/j.amjmed.2006.04.018

Sedliak, M., Finni, T., Cheng, S., Lind, M., & Häkkinen, K. (2009). Effect of time-of-day-specific strength training on muscular hypertrophy in men. J Strength Cond Res. 2009 Dec;23(9):2451-7. doi: 10.1519/JSC.0b013e3181bb7388. https://doi.org/10.1519/JSC.0b013e3181bb7388

Sievert, K., Hussain, S. M., Page, M. J., Wang, Y., Hughes, H. J., Malek, M., & Cicuttini, F. M. (2019). Effect of breakfast on weight and energy intake: systematic review and meta-analysis of randomised controlled trials. BMJ. 2019 Jan 30;364:l42. doi: 10.1136/bmj.l42. https://doi.org/doi:10.1136/bmj.l42

Singh, A. S., Mulder, C., Twisk, J. W., Van Mechelen, W., & Chinapaw, M. J. (2008). Tracking of childhood overweight into adulthood: a systematic review of the literature. Obes Rev. 2008 Sep;9(5):474-88. doi: 10.1111/j.1467-789X.2008.00475.x. Epub 2008 Mar 5. https://doi.org/10.1111/j.1467-789X.2008.00475.x

Singh, P. N., & Fraser, G. E. (1998). Dietary risk factors for colon cancer in a low-risk population. Am J Epidemiol. 1998 Oct 15;148(8):761-74. doi: 10.1093/oxfordjournals.aje.

a009697.

https://doi.org/doi: 10.1093/oxfordjournals.aje.a009697

Spitzer, U. S., & Hollmann, W. (2013). Experimental observations of the effects of physical exercise on attention, academic and prosocial performance in school settings. Trends Neurosci Educ. 2013 March;2(1), 1-6. doi: 10.1016/j.tine.2013.03.002.
https://doi.org/10.1016/j.tine.2013.03.002

Stekovic, S., Hofer, S. J., Tripolt, N., Aon, M. A., Royer, P., Pein, L., ... & Madeo, F. (2019). Alternate day fasting improves physiological and molecular markers of aging in healthy, non-obese humans. Cell Metab. 2019 Sep 3;30(3):462-476.e6. doi: 10.1016/j.cmet.2019.07.016. Epub 2019 Aug 27.
https://doi.org/10.1016/j.cmet.2019.07.016

Stote, K. S., Baer, D. J., Spears, K., Paul, D. R., Harris, G. K., Rumpler, W. V., ... & Mattson, M. P. (2007). A controlled trial of reduced meal frequency without caloric restriction in healthy, normal-weight, middle-aged adults. Am J Clin Nutr. 2007 Apr;85(4):981-8. doi: 10.1093/ajcn/85.4.981.
https://doi.org/10.1093/ajcn/85.4.981

Virtue, S., & Vidal-Puig, A. (2010). Adipose tissue expandability, lipotoxicity and the metabolic syndrome—an allostatic perspective. Biochim Biophys Acta. 2010 Mar;1801(3):338-49. doi: 10.1016/j.bbalip.2009.12.006. Epub 2010 Jan 6.
https://doi.org/10.1016/j.bbalip.2009.12.006

Tarnopolsky, M. (2004). Protein requirements for endurance athletes. Nutrition. Jul-Aug 2004;20(7-8):662-8. doi: 10.1016/j.nut.2004.04.008.
https://doi.org/10.1016/j.nut.2004.04.008

Tinsley, G. M., Moore, M. L., Graybeal, A. J., Paoli, A., Kim, Y., Gonzales, J. U., ... & Cruz, M. R. (2019). Time-restricted feeding plus resistance training in active females: a randomized trial. Am J Clin Nutr. 2019 Sep 1;110(3):628-640. doi: 10.1093/ajcn/nqz126.
https://doi.org/10.1093/ajcn/nqz126

Varady, K. A. (2011). Intermittent versus daily calorie restriction: which diet regimen is more effective for weight loss?. Obes Rev. 2011 Jul;12(7):e593-601. doi: 10.1111/j.1467-789X.2011.00873.x. Epub 2011 Mar 17.

https://doi.org/10.1111/j.1467-789X.2011.00873.x

Vincent, K. R., & Vincent, H. K. (2012). Resistance exercise for knee osteoarthritis. PM R. 2012 May;4(5 Suppl):S45-52. doi: 10.1016/j.pmrj.2012.01.019.
https://doi.org/10.1016/j.pmrj.2012.01.019

Wang, Z., Ying, Z., Bosy Westphal, A., Zhang, J., Heller, M., Later, W., ... & Müller, Westman, E. C., Yancy, W. S., Mavropoulos, J. C., Marquart, M., & McDuffie, J. R. (2008). The effect of a low-carbohydrate, ketogenic diet versus a low-glycemic index diet on glycemic control in type 2 diabetes mellitus. Nutr Metab (Lond). 2008 Dec 19;5:36. doi: 10.1186/1743-7075-5-36.
https://doi.org/10.1186/1743-7075-5-36

Watson, S. L., Weeks, B. K., Weis, L. J., Harding, A. T., Horan, S. A., & Beck, B. R. (2018). High intensity resistance and impact training improves bone mineral density and physical function in postmenopausal women with osteopenia and osteoporosis: the LIFTMOR randomized controlled trial. J Bone Miner Res. 2018 Feb;33(2):211-220. doi: 10.1002/jbmr.3284. Epub 2017 Oct 4.
https://doi.org/10.1002/jbmr.3284

Youngstedt, S. D., Kripke, D. F., & Elliott, J. A. (1999). Is sleep disturbed by vigorous late-night exercise?. Med Sci Sports Exerc. 1999 Jun;31(6):864-9. doi: 10.1097/00005768-199906000-00015.
https://doi.org/10.1097/00005768-199906000-00015

Zurlo, F., Larson, K., Bogardus, C., & Ravussin, E. (1990). Skeletal muscle metabolism is a major determinant of resting energy expenditure. J Clin Invest. 1990 Nov;86(5):1423-7. doi: 10.1172/JCI114857.
https://doi.org/10.1172/JCI114857

2. 相關網站
Guardians "The science behind stuffing your face at Christmas", https://www.theguardian.com/lifeandstyle/wordofmouth/2013/dec/17/stomach-christmas-feeling-full-food-and-drink-appetite
https://mennohenselmans.com/skeletal-muscle-fiber-adaptations-resistance-training-repetition-maximums-relative-intensity/?utm_source=ActiveCampaign&utm_medium=email&utm_content=Are+artificial+sweeteners+bad+for+your+gut+bacteria%3F&u

tm_campaign=RSS+New+Articles

https://peterattiamd.com/wired-think-scientifically-can-done/

衛生福利部國民健康署健康九九「新版兒童生長曲線」：http://health99.hpa.gov.tw/
OnlinkHealth/Quiz_Grow.aspx

3. 影音內容

https://www.youtube.com/watch?v=MKFWvYtm6Ck

https://www.youtube.com/watch?v=REtybL3X-_Y

國家圖書館出版品預行編目資料

一分鐘健瘦身教室2 Dr.史考特的科學增肌減脂全攻
略；最新科學研究×秒懂圖表解析，破解41個健瘦
身迷思！／史考特（王思恒）著 . -- 初版 . -- 臺北市：
三采文化股份有限公司，2021.06
　面；　公分 . -- (三采健康館；151)

ISBN 978-957-658-550-0(平裝)
1. 塑身 2. 運動健康 3. 健康飲食
425.2　　　　　　　　　　110005700

suncolor
三采文化集團

三采健康館 151

一分鐘健瘦身教室 **2** Dr.史考特的科學增肌減脂全攻略
最新科學研究×秒懂圖表解析，破解 41 個健瘦身迷思！

作者｜史考特醫師（王思恒）
副總編輯｜鄭微宣　　責任編輯｜陳雅玲
美術主編｜藍秀婷　　封面設計｜李蕙雲　　內頁排版｜Claire Wei　　插畫｜王小鈴
行銷經理｜張育珊　　行銷企劃｜周傳雅　　攝影｜林子茗　　梳化｜謝佳霈

發行人｜張輝明　　總編輯｜曾雅青　　發行所｜三采文化股份有限公司
地址｜台北市內湖區瑞光路 513 巷 33 號 8 樓
傳訊｜TEL:8797-1234　FAX:8797-1688　　網址｜www.suncolor.com.tw
郵政劃撥｜帳號：14319060　　戶名：三采文化股份有限公司
本版發行｜2021 年 6 月 4 日　　定價｜NT$420